牛肉資本主義

日本で牛丼が食べられなくなる日

目次

はじめに

2015年9月30日現在、牛肉も大豆をはじめとする穀物も、国際相場は安定している。牛肉でいえば、1年前に比べ17パーセント安の一キログラムあたり約6万4400円、大豆でも13パーセント安の1トンあたり約3万8800円（シカゴ先物市場・1ドル＝120円で計算）である。要は国際市場で「だぶついて」いる。

一時期、何度か値上がりしていた大手チェーンの牛丼も、地域・期間限定とはいえ、2015年10月値下げをした。

しかし「だから安心」というわけではない、いつまた異様なまでの高騰に転じるかわからず、その構造は「温存」されている。それが、本書が世に問う一番の問題意識だ。

しかも日本人は、世界の中でも「のど元過ぎれば熱さを忘れる」タイプの人たちが多い（多くの方が自覚されているだろうが、自覚されていない方は、することをお勧めする）。

さらにいえば、日本の様々なレベルで「食の輸入」に関わる人たちは、想像を絶するくらい「一生懸命」な人たちが多い。輸入業者である商社マンはいうに及ばず、そこから肉を買って加工する業者の人も、最終的に「牛丼」を店でお客に提供する会社の人も……。

そのことが、ますます私たちに牛肉高騰の「熱さを忘れ」させている。

牛丼が数十円ずつちびちび数回にわけて値上げされたのは「見つからないようごまかすためだ」という人もいるだろう。企業収益の観点からいえば、そういった面もあるかもしれない。しかし彼らの根本に流れる思想は、「いつでもおいしく早く安く」を日本や、さらには世界の人たちに提供し続けたいという「熱き思い」なのだ。それが私たちの、今回の彼らの対する「異様に執拗な密着取材」で獲得した到達点だ。

闇雲にほめているわけでも、結託しているわけでもない。

私はNHKに入局してまもなく30年になる番組を制作するプロデューサーだ。

家には小学生の子どもがいる。局内の編集室でNHKスペシャルの編集をとことん突き詰めることと、家に帰って息子に例えば「スパゲッティー・カルボナーラ（卵の黄身、牛乳、とろけるチーズ1枚、塩コショウ、麺を使い、お湯をわかして15分で簡単にできる）」を作ることを両立したいと考えているので、少しでも早く帰宅しようとしている。そして家で、文字通り「寝ながら考える」人間だ。

ある時期、夢の中で、番組の登場人物が毎晩のように登場することがあった。

商社マンたちが、みんな「ウルトラ警備隊」のユニフォームを着て、登場するのだ。夢の中で、私たちが少年時代に、楽しみで楽しみでしようがなかったウルトラマンやウルトラセブンで、怪獣と戦っていた男たち（一部、美しき女性隊員）と彼らを、ダブらせていた。でも、この夢は、ある意味夢ではない。私たちの前で起こっている「実話」なのだ。なぜ彼らはこのような格好をしているのだろうか。今回取材した「本物の商社マン」たちが、真顔でこんなことを言っている。

「私たちには、日本の、日本人の食を守る使命がある」

「食」とはイコール『命』である。

今度、いつ「怪獣が日本に上陸する」かわからないので「備え」が必要なのだ（ウルトラセブンでは、毎週のように上陸していたようだが、そのたびに京浜工業地帯のガスタンクが元通りになっていたことからすると、おそらく上陸は数年に1回というスパンであったと思われる）。

だとすれば私たちは、「怪獣の本当のおそろしさ」や、「怪獣の日本上陸の手口」をあらかじめ知っておくにこしたことはない。

では今の日本にとってもっともこわい「怪獣上陸の状況」とは何だろうか。

本書ではこれを、「牛丼が食べられなくなる日」とした。もちろんのことだが、牛丼がなくなったからといって私たちは死ぬわけではない。でもなくなってしまったら、「じゃあいいや」と言えるだろうか。

その衝撃を考えてみてほしいのだ。私自身をかえりみても、２週間に１回くらいの頻度で、きまって牛丼で「最初の３口はそのままに、次の３口は真っ赤っかの紅ショウガと、最後は生卵でずるずると」がしたくなる。それができなくなることは「衝撃」以外のなにものでもない。

肩の力を抜いた態度で、でも結構真剣な心構えで、この本を読んでいただければ幸いである。

Tokyo, Japan

第1章

日本で「牛丼」を食べられなくなる?

「うまい、はやい、安い」が〝常識〟の時代の終わり

給料日が迫った繁華街の昼、きょうも多くのサラリーマンが牛丼屋に駆け込む。月に1度、妻からもらう小遣いは残り少ない。時間もない。午後イチに次の商談が迫っている。でも腹が減った。頼むとすぐ出てくる。ガガっとかき込むと甘からい、すき焼きを思い出させる安心の味。幸せが口いっぱいに広がる。

ああ、日本人に生まれてよかった……。

とはいっていられない事態が、私たちの見えないところで進行している。守られた「日本という奥座敷」にいると実感できない「暴風雨」が、一歩日本の外に踏み出すと吹き荒れている。

私たちの取材は、「厳しい現実を日本の人々に知っておいてもらいたい」と語る、牛丼用の肉を輸入する商社の担当者の言葉から始まった。焼き肉を一緒に食べながら聞いた衝撃の事実。目の前の網の上でジュージューいっている牛肉が、急になんだかいとおしいものに思えてきた。

世界の牛肉争奪戦。それは、今に始まったことではない。「爆食」と呼ばれる中国の需要拡大は、鄧小平による改革開放以降、幕を開けた。

肉といえば豚や鶏、あるいは羊をイメージし、牛肉はどちらかというとスープのだし用だった食習慣が、次第に西洋化してきた。しかしこの1、2年の変化は、それと質的に違うと関係者は口をそろえる。まったくの「別世界」になったというのだ。

世界で今いったい何が起きているのか。

激しく動く現場を次々と丹念に見ていくと、ある共通点が浮かび上がってくる。なんといえばいいのだろう。「本末転倒」とでもいうべき現象が起きているのだ。そして、ある種のフラッシュバックが頭の中で起きる。これは以前、「マネー資本主義」の現場で見たものだ。

マネー資本主義。２００８年世界を揺るがした世界金融危機、リーマンショックのあと、その謎に迫ろうとしたＮＨＫスペシャルの取材だった。アメリカ・ニューヨークに本社を置く、巨大とはいえリーマン・ブラザーズという「いち証券会社の破綻」が世界経済を奈落の底に突き落とした。地球上を駆け巡っているはずの「膨大なマネー」の何分の一かが、いわば「一瞬にして消えた」。そんなことがなぜ起きたのか、当事者たちの徹底取材を行った。

世界を覆う完璧なマネーの仕組みを作った投資銀行の幹部たち、複雑な数学理論を駆使してその仕組みを構築した金融工学者、巨額のマネーを新手の金融商品につぎ込んでいった年金基金などの投資家たちに取材を重ね、たどりついた今回の危機における最大の原因、あるいは原理とでもいうべきもの。それが「本末転倒」だった。

もともと移民としてアメリカに渡ってきた人でも家が買えるよう、リスクを分散させるローンの仕組みを作った。それがいつの間にか、その仕組みのもとでローン債券を組み合わせて作り出した金融商品が「利回りが高くていいね」という話になり、投資家がその金融商品に群がるようになって、「どんどん住宅ローンを借りてもらえ」となった。やがて、ローンを組めるような収入はなくてもいいとなり、実は危ないローンを組む方がローンの金利が高く設定できて、それをもとに作られる金融商品の利回りがさらに高くできるから好都合、にいき着いた。

まさに物事の根本的なこととそうでないことを取り違える、本末転倒が起きていた。

牛肉ブームが引き起こす「本末転倒」

牛肉争奪戦でも、同じような「本末転倒」が起きていた。

中国の内陸部、肉といえば豚か鶏で、もともとほとんど牛肉を食べなかった地方都市で、牛肉需要が信じられないような爆発的スピードで増えていた。

地元の中華料理店の一番の人気メニューが「牛肉炒め」になり、街には西洋式のステーキハウスが続々オープンしていった。なぜそんな片田舎で牛肉ブームがこれほど加速するのか。

人々が豊かになり、高価でおいしい牛肉を食べたくなったからだ、そういう志向が加速度的に拡大しているからだ、と説明される。もちろんそれもあるだろう。しかしそれでは、何千年も続いた中国人の食習慣が一変したことは、実は、なかなか説明できない。

「牛肉を売る人が急に増えた」ときいて、これまで不可思議に思えた現象が腑に落ちた。

リーマンショックのあと、いわゆるギリシャ危機が起きてヨーロッパが陥った経済の低迷。それまで大量に買っていた機械などの製品の輸入を、ＥＵの国々が減らしたため、「世界の工場」である中国は、もろにあおりを食った。ヨーロッパ向けに機械などを輸出することで利益をあげてきた貿易商が、もうからなくなり、まったく別の業種に「転職」を決意した。

次に彼らが始めたのは「牛肉輸入業」だった。儲けを増やすため、もっと牛肉を輸入したいから、どんどん食べさせようと、ちょっとした「牛肉ブームの火」を「ふいご」で風を送り燃え盛らせるがごとく、投資で増やした資金などをどんどんつぎ込んでいった。

別に牛肉でなくてもよかったのだが、牛肉が儲かるなら牛肉だ、消費を拡大しようとなり、牛肉のメニューを増やせ、ステーキハウスをオープンさせろ、ステーキ肉を食わせろとなった。マネー資本主義が得意とするある種の「逆回転のサイクル」が加速度的に回り始めたのだ。これが、牛肉ブームを引き起こす「本末転倒」である。

丹念に取材を続けていくと、様々なところに「本末転倒の装置」が仕掛けられていたことがわかった。マネー資本主義の「総本山」、ニューヨーク・ウォール街も当然のことながら、新たな仕組みを作っていた。

仕組みのひとつが、「コモディティ・インデックスファンド」という金融商品だった。その存在を知ることになったきっかけは、アメリカ有数のリゾート地、フロリダで何十年もの間、肉や穀物や原油など、いわゆるコモディティの先物相場で利益をあげてきたプロの投資家へのインタビューだった。なぜこれほどまで牛肉争奪戦が過熱しているのか。しつこく聞く私たちに、ベテラン投資家は、「じゃあ、言うよ」とばかりに表情を引き締め、語りだした。

サブプライムローンの「次のからくり」

ベテラン投資家は、「コモディティ・インデックスファンド」という金融商品を通じてそれまでは「プロの世界」だったところに「アマチュアの資金」が大量に流れ込み、価格を異常なまでに釣り上げているというのだ。恐るべき「本末転倒」だった。

コモディティ（商品）の先物取引は、穀物などを安定的に買うために設けられたものだ。天候などに左右され、先の読めない穀物などの取引で大損しないよう、収穫前のある段階に、ある価格で売ったり買ったりしておくのが先物取引の基本である。

例えば穀物を先物で大量に購入する商社があるとしよう。彼らは、次の収穫期にこれくらいの収量となりそうだから、これくらいの価格になると予想して、先物市場で一定量を「ある価格」で買う。収穫期が来て、予想より豊作だったら実際の価格は低くなるため、多少損をする。でも、まれに大凶作がおきることもある。こうなると穀物の価格は高騰する。膨大な資金をつぎ込まないと商社は必要な量を確保できない。こういう時、「先物で買っておいた」ことが効いてくる。結果的にみると「信じられない低価格」で穀物が確保できる。つまりは先物取引は安全のために存在する。これをヘッジという。

これはもちろん、実際に穀物を必要とする人たちの話だ。プロの投資家は、予想を的中させて、「相場」で儲ける。気象グラフなどを詳細に分析し、他人より正確に先を読み、値上がりしそうだと踏めば、先に安い条件で買っておく。そして、買いたい人が群がってきて、先物価格が上がった時を見計らい、さっと売り抜けて「利ザヤを抜く」のだ。

彼らは、生きる上で不可欠な穀物とは関係なく、「差額で稼ぎたい」と売買を繰り返す。しかし相場の世界は、実はこういう人たちが存在するために、均衡が保たれている面もある。みんなが向かう方向と反対を予想して「張る」山っ気のあるプロの投資家がいて、はじめて先物取引が成立するといういい方もできる。

「コモディティ・インデックスファンド」は、それとはまったく違うという。

この金融商品に資金をつぎ込み、「利回り」を期待する人たちは、「ひたすら値上がりすること」を求める。穀物を買う人がどんな迷惑をこうむるかなど、おかまいなし。どんどん資金をつぎこみ、相場を押し上げる。それがやがて小麦などの価格を吊り上げ、自分たちが買うパンの値段を上げてしまうとしても、関係ない。まさに「本末転倒」である。

「食べたいのに食べられない」

「本末転倒の奔流」は、まだまだ猛威を振るう。

経済のグローバル化は、もともと先進国に住む人だけが豊かさを享受する時代から、それ以外の大勢の国々の人も豊かさを手にするチャンスを平等に持つ時代へ転換するという「理想」のもとに推進された、と私は思っている。だから「食のグローバル化」は、あまねく世界中の人が豊かに食する時代を切り拓くことを意味するし、世界はそれを目指してきたに違いない。

特に昔は「南北問題の南の国」と呼ばれ、今は発展途上国と呼ばれるようになった国に住む人々である。これまでは、地元でとれた食材を先進国に差し出すだけだったが、立場を転換させ、自分もそれを食べるようになる。さらには世界の他の地域でとれ、グローバル市場に出されたものも買って食べる。こうして世界中がつながり、南北格差が是正された「フラットな世界」になったことによってもたらされる、豊かな食を享受できる時代を謳歌する……はずだった。しかし、それが過度に「マネー資本主義化」すると、その理想はねじまげられ、本末転倒というべき事態を引き起こしていく。

どの国でも、十分食べることができるのは一部の人だけで、多くの人がまともに食べられなくなっているのだ。グローバル経済に最近仲間入りした新興国はもちろん、最初からそこにいた先進国でも。

どんどんお金を稼ぐようになり、食べきれないほど食卓に食べ物が並ぶ人が住むその同じ街で、金を稼ぐ競争から脱落し、食べられなくなった人が増えていく。これまで、当たり前に牛肉を食べていた人が、はっと気づいたら買えなくなっている。

スーパーマーケットなどに並ぶ牛肉の価格が急に上がったからだ。牛肉を買えないどころか満足に食べることさえできなくなり、施しに頼るしかない人が増えていく。少し前までマネー資本主義の恩恵を受けていた人があることをきっかけに突然職を失い、ホームレスに転落する。

それらはあたかも、芥川龍之介が描いた「蜘蛛の糸」の世界のようだ。多くの人が豊かさを求めて細い蜘蛛の糸にしがみつき、もみくちゃになりながら、隣の人を殴ったり蹴りつけたりしながら這い上がろうとする。でも結局は、一部の人しか蜘蛛の糸をのぼりきれず、多くの人は脱落する。世界に住むすべての人を豊かにしようとする「グローバリズムの本末転倒」である。

「牛丼を食べられなくなる日」がくる！

私たちは今回、「マネー資本主義の総本山」ともいえるアメリカ・ニューヨークの街角で、私たちの想像をはるかに超える人たちが、地元の教会が施す食事で食いつなぐ姿を目撃した。

リーマンショックの痛手から立ち直り手にした、アメリカの好景気を誇示するかのようなクリスマスの飾りが賑やかに街を彩る。その一本向こうの通りで、食事の配給車に長い行列ができていた。教会の中は、風呂にも入れない人たちが詰めかけるため悪臭で満ち、かろうじて肉の入った配給された夕食を、多くの人がもくもくと食べていた。クリスマスが近づくその日の夜、満席の高級レストランのディナーで、多くの家族が一皿1万円を超えるステーキをほおばる、その同じニューヨークで。

こうした本末転倒が連鎖し、過激化していく先に何が待っているのか。私たち日本人が「牛丼が食べられなくなる日」がくるのではないか。これは極端な脅しでも、架空のことでもない。

本書のおおまかな流れを概観しておく。

まず、牛丼の数十円の値上げを入り口に、中国でまきおこった「異次元〝爆食〟」の実態を見ていく。経済成長と食の西洋化、さらには「牛肉でもうけたい人」の急増があいまって、沿海部だけでなく内陸都市でも牛肉ブームが過熱し、輸入を急増させている現実をみる。

1年に6000万トンも消費される牛肉が足りなくなり、様々な「玉突き現象」を引き起こし、それが牛肉の6割を輸入する日本を直撃している構図にも触れる。さらに、取材を進めていくと、玉突き現象は「別の肉」にまで及んでいた。

「グローバル資本主義の現実」

牛などの飼料となる穀物の世界的な変化もみていく。特に中国が輸入を急拡大する大豆では、世界地図の塗り替えが起きていた。世界一の食料輸入国だった日本の存在感が、中国の登場で小さなものになっただけでなく、世界一の食料輸出国の座に君臨してきた「超大国アメリカ」の姿までもが、変わり始めていた。さらにアメリカは大豆の輸出量で南米に世界一の座を明け渡すまでになり、アメリカの穀物メジャーが独占的に握ってきた価格交渉の主導権を失う事態が進んでいた。

肉や穀物の争奪戦の裏でうごめくマネーの質的変化もみていく。２００８年のリーマンショックのあと、衣食住のひとつである食を「食い物にしよう」とするマネーの奔流が起きた。利回りを得るためにはどんなことでもしてきた「マネー資本主義」が牙をむき、食の高騰に拍車をかけた。そのため、「食べきれないほど食べる人」と「まったく食べられない人」の二極化が世界中で進行している。

これまでの10年ほどの間に様々な形で行ってきた取材も振り返りながら、今の私たち、あるいは世界の歴史軸における「立ち位置」も確認したい。原油から金属さらに穀物へと、マネーが「商品」を次々とターゲットにしてきたマネーゲームの歴史。経済のグローバリゼーションにより、戦後アメリカが推し進めてきた「食による世界支配」が限界に達し、これまでにない食料不足が起きる世の中に変わった歴史である。

マネー経済が世界の人たちの欲望を満たし、必要なマネーを十分提供できなくなり、新たに生み出された「マネーでマネーを生み出す仕組み」が雪だるま式に巨大化した結果、「タコが自分の足を食らう」状況に突き進んでいくプロセスもひもといていく。

最後に、「人間が生み出したモンスター」の脅威から逃れようとする人たちが始めた新たな経済の仕組みや実践を紹介する。高齢化が世界一のはやさで進む〝課題先進国〟の日本で始まった「里山資本主義」や「里海資本論」の胎動にも触れていきたい。

私たちは今どこにいるのか。これからどこへいくのか。

「グローバル資本主義の現実」を、目をそらすことなく、みていく。

Shanxi, China

第2章
中国で始まった「異次元〝爆食〟」

日本の商社で起きていた「異常事態」

２０１４年11月のある日。ある商社の牛肉部門の責任者が頭を抱えていた。牛肉の輸入量の約10パーセントを担う商社、双日食料。30代にして大手商社の「牛肉輸入部隊」を率いるのが、池本俊紀部長（兼本部長補佐）だ。この道すでに十数年の池本氏は業界でも名を知られる存在だと、別の商社関係者から聞いていた。

でも、会った時の第一印象は、正直にいうと大物ではない。若い女性たちに人気のある男性ボーカルリストを彷彿とさせるスタイルと雰囲気。そんな風貌なので、頭を抱えていてもそう深刻には見えてこない。

しかし、私たちが目にしていたのは「業界始まって以来の異常事態」だった。これまで負けることがなかった日本の商社が「買い負け」ていたのだ。買い負けている相手は誰か。中国に肉を売る業者だった。

ワイシャツ姿の社員たちが忙しそうに電話をかけている商社のオフィス。幹部社員のひとりは、ポルトガル語だろうか、スペイン語だろうか、ラテン系の言語を操り、携帯電話で、矢のようなはやさで交渉をしている。その奥で、池本部長が受話器を握る。

「（注文した肉の確保は）全然ダメ？　本当っスカ？」

サプライヤーと交渉を行う軽い語り口。しかし会話をよくよく聞くと、重い内容だ。コンテナ70個分の牛肉を買いたいとずいぶん前に注文を出していた。それなのにコンテナ70個の注文のうち、20個しか確保できない「つれない回答」が返ってきたという。電話を終えた池本部長は茫然としていたが、気を取り直して私たちに答えた。

「(必要な肉を確保する) 状況は、日に日に悪くなっています」

これまで築いてきたアメリカの有力食肉加工業者との太いパイプ。その揺るぎない関係が、一瞬にして切れてしまったように思えると、言葉を選びながら話してくれた。「ミスター牛肉」のプライドをずたずたにする「買い負け」が起きていた。

池本部長が必死に交渉していた牛肉は、業界の専門用語で「ショートプレート」と呼ばれるものだ。池本部長はこの肉を略して「ショープレ」と呼ぶ。日本人なら食べたことがない人がいないくらいのポピュラーな牛肉だ。

ちなみに大手チェーン吉野屋の「牛丼」では、ほぼこの肉を使用している。コンビニエンスストアで売られる「牛肉弁当」などにもかなり多く使われている。牛肉といっても、安く手に入り、味も食感もいい「アメリカ産ばら肉」。それがショートプレートだ。

安く、味も食感もいい「3拍子揃った」肉。だからこそ値段の交渉はシビアを極める。

安く輸入できなければ、庶民の味方、牛丼を守れない。

中国がその値段を出すなら、もう少し高値を提示して買ってしまえば済む。でも、いちど応じてしまうと、これまで綿々と築き上げてきた「ビジネスモデル」が崩れてしまう。中国側は、そんなこちらの胸の内を見透かしたかのように、日本側より「少しだけ高い価格」を提示してくる。

「ミスター牛肉」の二枚腰

ショートプレートを巡る神経戦ともいえる闘いの日々が続いていた。しかしそこは商社・双日食料の「ミスター牛肉」。相手だけでなく時には自分自身も「笑い飛ばし」ながら電話をかけ続ける。常に軽快な口調は実は、「わざと」なのではないかとさえ思えてくる。

別の日、池本部長はショートプレートの売り先のひとつである牛肉加工業者の担当者を会議室に迎えていた。挨拶のあと、池本部長は早速、今回の本題に入った。

「今回ご依頼いただいていた2月、3月渡しの注文の件ですが、中国の引きが強いので、供給量がタイトになって、ご案内できる量に余裕がまったくない状態です」

「核心の話」、つまり値上げの話を切り出した。

「値段ですが……」

電卓片手に10秒後、1155円を叩き出す。半年前、ショートプレートの卸値は1キログラムあたり760円だった。半年で、5割アップというすさまじい数字だ。

牛肉加工業者が即座に反応する。

「上がりましたね」

苦笑を通り越して、笑い声が交じっている。安いから買うのが、バラ肉・ショートプレート。だからコンビニ弁当は安くて満足となるのだ。高い牛肉では成立しない。

牛肉加工業者の表情が真剣になり、語り始めた。

「今初めて、今の状態の価格を聞いたんで、これを私たちのお客様に製品の価格として転嫁した時に、どういったリアクションをとられるのか、心配になってきましたね」

池本部長が「我々もびっくりしているんですが……」と、相槌ともなんともいえない微妙な言葉をはさむと、牛肉加工業者は、それをさえぎるように続けた。

「ただ、そうはいってもモノをきらすわけにはいかないんで、今後、私たちのお客さまとは厳しい商談になると思うんですけど、話し合ってやっていきたいと思います」

ナマのビジネス交渉の現場で聞いた、恐るべき現実である。

会議室を出たばかりの食肉加工業者の担当者に交渉の感想を聞いてみた。

牛肉加工業者の担当者の言葉から、私たち自身もまだ半信半疑だった「本当の異常事態」が進行していることを、初めて実感した。

「他国に買い負けて、お客様、一般の消費者の方たちに満足できる量が供給できなくなる時代が、本当にくるのではないか、それが一番恐れていることです」

私たちはのちに知ることになる。実は、この時提示された価格は、もともとはもっと高い価格で、池本部長率いる牛肉輸入部隊が、努力に努力を重ねた末の価格だということを。池本部長によれば、価格が今よりも安い頃に輸入した肉と加重平均して、少しでも値上げの幅を抑えようとした。それでも半年前の5割アップの価格を提示せざるをえなかったというのだ。

提示する価格こそ、「企業努力の結晶」である。商社や業者によって、様々な段階ではさみこまれる「クッション」が、激しさを増す牛肉争奪戦の衝撃を和らげているのだろう。

商社の担当者の努力により、日本の消費者は、海の外のうねりの「大波」を直接全身に浴びずに「そういえば牛丼の値段が少し上がったな」と感じる程度で済んでいるのだ。

2014年、牛丼チェーン大手・吉野家が主力商品である牛丼の並盛を半年で2回、数十円ずつ値上げした事情の背景に何があるのか。私たちは直接の取材を通じて商社の舞台裏で続く商談の会話などから、すさまじい交渉の現場を理解していった。

今、中国でどんな変化が起きているのか。私たちは、中国の首都・北京に飛んだ。

26カ国500社以上が出展する「食品博覧会」

2014年11月北京。その日もいつもと変わらず北京は、濃いスモッグに覆われていた。前を行く車もよく見えない。

そんな憂鬱な気分で会場に入った私たちを迎えたのは、数人の女性からなる「西洋音楽合奏隊」だった。演奏されたのは誰もが知るワルツの名曲「美しき青きドナウ」。いかにもという「西洋音楽」が中国らしい（それは、私が1990年代に中国取材に訪れた時、北京市の繁華街、王府井に登場したステーキハウスの中に流れていた「西洋音楽」が「葬送行進曲」だったころと比べると、ずいぶん「進歩」したと感じるわけだが）。

盛大に開かれていたのは、「北京世界食品博覧会」である。数百メートル四方の広大な会場はごった返していた。さすが人口13億人の国の食品博覧会。イタリア、フランス、ドイツ、イギリス、ニュージーランド、オーストラリアなど26カ国から500社以上が出展していた。オーストラリア産のステーキ用牛肉が、アツアツの鉄板に並べられる。牛肉はジュージューとおいしそうな音を立て、食欲をそそる匂いが、客を誘う。瞬く間に鉄板のまわりに人だかりができる。老若男女が試食の肉に、思い思いの格好でかぶりつく。

「好吃《ハオチー》！」

おいしい、との言葉が思わず漏れる。

会場につめかけた人の多くは、中国の各地から集まった買いつけ業者、バイヤーだ。

そのひとり、高紹清《こうしょうせい》さん。リュックを背負った40代の眼鏡をかけた小柄な女性だった。内陸部の都市、山西省太原市からやってきたという。ひとだかりのできているブースがあると、背伸びをしてのぞき、人の間に割って入る。決してうまいとはいえない英語で、どんどん交渉する。オーストラリアなどの産地なら、すぐにでも牛肉の輸入が可能かどうか、答えを引き出していく。

「バイタリティーが服を着て歩いている」

そんな女性だった。私たちが密着取材を申し出ると、ふたつ返事で応じた。

私たちは高さんの乗るワゴン車に同乗させてもらい、内陸部の都市を訪れた。

北京から西へ５００キロメートル、山西省の省都・太原市（人口約２６０万人）。町に入ると、いかにも中国風のバスの大きなクラクション。赤い大きな字で「烟酒」と書かれた昔ながらの飲食店が軒を連ねる。車の中で、高さんに売り上げがどれくらい伸びているか尋ねた。驚くべき内容だった。

「まったくなじみのなかった食肉輸入の分野ですが、すでに昔の稼ぎは追い越しています」

高さんはもともとヨーロッパ向けに化学製品を輸出する業者だった。そこからまったくの素人として牛肉輸入のバイヤーに転じてわずか2年。それにもかかわらず、売り上げはすでに年商3億円で、前の年の売り上げを追い抜いたというのだ。

内陸部でおこった空前の「牛肉」ブーム

高さんと一緒に、夜の太原の街に繰り出した。高さんが一軒の店に入っていく。

ここも一見、昔ながらの中華料理店だが、幾つも並んだテーブルは客で埋め尽くされている。小柄な高さんが、テーブルと人の間をすり抜けるように奥へ向かう。奥に向かいながら、客のお目当ての品を凝視している。最近、人気メニューに躍り出た一品があった。「牛肉炒め」。日本でいえばショートプレートにあたる牛のばら肉を玉ねぎなどの野菜と炒めた、要は「牛野菜炒め」である。

あちらでもこちらでも「牛野菜炒め」を注文する様子がうかがえる。おじさんが、大きな口をあけてほおばっている。若い男女のカップルも注文している。数年前にはほとんど見られなかった光景だという。

内陸部の中華料理店において、何百年、あるいは何千年もの間、肉といえば「豚」か「鶏」だった。中国の北の地域なら、これらに「羊」が加わる。「牛」は肉としてほとんど食べなかった。肉が硬いため、麺のだしに使うのが一般的とされてきた。だから肉の値段としても上から「豚」「鶏」「牛」で、牛の地位は低かった。

しかし最近になって、これまでの長年の立場に「逆転現象」が起きた。外から入ってきたブーム、価値観によって、突然「牛」「豚」「鶏」の順番になったのだ。

客たちが次々と注文する、「牛野菜炒め」。値段はどんどん上がって、今や一皿800円。日本人の我々からみても、結構な値段だ。しかし実はその値段の高さが、「人気の秘密」なのだ。みんなが争って食べるため、値段が上がる。そうなると、客はますます「牛肉炒め」を食べたくなる。昔は豚肉が牛肉よりも格上だったのに、なんだか牛肉の方がおいしいような気がしてくる。実際、今の牛肉は昔のような硬い牛肉ではない。輸入された柔らかい牛肉だ。

冷静に考えてみれば、みんなが競って注文するほど、牛肉の方が格段に旨い一品とは思えない。豚肉の肉野菜炒めだって十分おいしいはずだ。でも、注文は殺到する。今、空前の牛肉ブームが起きているのだ。

牛肉ビジネスは今がチャンスだ

高さんは、街で牛肉を提供する食肉加工業者のところへ案内してくれた。だだっぴろい敷地。門を入ったところで車を降りると、高さんが建物の方を指さして叫ぶ。

「牛肉がちょうど届いたようですよ。さあ、見にいきましょう！」

トラックの荷台から、牛肉がゴロゴロ下ろされているところだった。コチコチで真っ白な物体。冷凍肉が白い布に包まれているのだ。加工工場の責任者と高さんがなにやら話しながら山のように積まれた牛肉を満足げに見つめている。

これらは、高さんの手配でオーストラリアから輸入された牛肉だった。この加工工場の取扱量は急激に増えているという。輸入するバイヤーも加工業者も笑いが止まらないだろう。加工工場の社長は、高さんにこう語りかけていた。

「私たちはウィン・ウィンの関係だ。みんなで儲けましょう」

高さんと私たち取材班は加工工場の中に案内された。何十人もの作業者が肉の解体を行っている。

一番奥には大きな牛肉の塊がドーンとあった。一頭分の枝肉を4分の1にして輸入されたものだ。それがどんどん「部品」に切り分けられていく。作業場の真ん中に設置されたベルトコンベアーに小さく切られた肉が無造作に放り込まれていく。

高さんと加工業者の会話に耳をすましてみる。

爆発的ともいえる牛肉ブームが進行しているということが、彼らの会話からひしひしと伝わってくる。

「中国の若い世代が30年後、大人の世代になる。牛肉を食べる食習慣を持った人たちが大人になるわけだから、牛肉業界の景気は長期間続いていくだろう」

「そうね、少なくとも10年は問題ないでしょうね」

「牛肉のビジネスは今がチャンスだ。量で勝負する時がきた。私たちは資金が豊富なので、加工工場をどんどん増やしますよ。将来、山西省で工場を30から40くらい増やそうと考えているんだ。1日の生産能力は500トンを目指したい」

「1日に500トンですって?」

「ああ、今が200トン。加工工場が増えれば500トンも実現できる」

加工工場を持つこの会社も、もとをたどれば輸出貿易商だったそうだ。貿易の相手先がイスラム諸国中心だったが、近年イスラム諸国の動乱などでビジネスに影響があり、「転職」を決意した。海外から輸入された牛肉を扱うようになって、3年目だという。

「オーストラリア産の牛肉は、これまで中国では人気がなかったが、供給不足になり、今では輸入に拍車がかかっている」

と高さんと加工工場の社長は説明した。最近、中国・習近平国家主席がオーストラリアを訪問し、ＦＴＡ（自由貿易協定）の調印をしたことも、関税ゼロになるから追い風となっているようだ。

給食制度が、食文化を変える

高さんと加工工場の社長は、興味深いことを私たちに教えてくれた。今、中国の学校で導入されてきている給食制度が、山西省の食文化をさらに変えるだろうというのだ。加工工場の社長が高さんに説明する。

「学校の給食がこれからの大きな消費のポイントになる。幼稚園から小学校まで、全部給食制度に変わる。うちの娘も全寮制で、学校の給食を食べている。給食はもともと大都市しかなかったが、今や地方都市でも広がってきた。親が忙しくなったからね。ひとりっ子の生徒たちは、ほとんど学校内での給食生活だ。幼稚園間で園児の争奪戦が激しくなっている。幼稚園の給食の中身が、勝敗のカギを握るようになっているんだ」

「ミルク、乳製品、そしてステーキね」

と高さん。さらに社長がテンポ良く、

「そうそう。牛肉にちょっと野菜を入れて。これだと、それほどコストもかさまないし、子どもが喜ぶからね」

大人だけでなく、幼児までもが牛肉を楽しむ時代が来ている。このような複合的な要素がからみあって、〝爆食〟中国の牛肉消費が拡大していることを、あらためて思い知った。

食の好みや働き方の変化、子どもの学校の給食化……。中国の内陸部で起きる様々な要因が、牛肉ブームをさらに加速させている。そうした変化をすべて「チャンス」と受け止め、ブームの火に送り込む「ふいごの風」にしようとする、この恐るべきバイタリティーに満ちあふれる人たちによって。牛肉協奏曲は止まらない。

ステーキハウス開店ラッシュ

高さんは、最近オープンしたばかりというステーキハウスに私たちを案内してくれた。そのステーキハウスでは高さんが輸入した牛肉を使っていて、山西省での牛肉消費拡大戦略の「次の柱」に成長させたいと大きな期待を寄せている。ワインなどと共に本格的な西洋式ステーキが食べられる、太原では数少ない「ステーキ専門店」だ。

ステーキの代名詞ともいえる部位、サーロイン。しかし中華料理ではずっと、煮込みに使う「普通の肉のひとつ」という扱いにすぎなかった。それが西洋式ステーキハウスでは、サーロインは「王様」扱いになる。あとは中国人の舌がサーロインの味と料理法を受け入れるかどうかだ。

店のオーナーだという若者と高さんがテーブルについた。おしゃれなセーター。首には暗めの色のストール。先物相場で荒稼ぎしている有名投資家の息子だという。日本で関西風にいえば金持ちの「ボンボン」だ。赤ワインを、これも輸入したと思われるワイングラスに注ぎ、手に取り高さんが乾杯の音頭をとる。

「私たちの未来に乾杯しましょう」

ワイングラスが「チン！」と鳴る。グラスを重ねた音は、思いのほか上品だ。ヨーロッパに化学製品を売っていた高さんはもちろん、若者オーナーのテーブルマナーも、なかなか堂に入っている。高さんはこの若者に向かって、

「あなたはまだ若いのだから、このような素晴らしい価値観をいっぱい取り入れて」

オーナーが応じる。

「私も幸せなライフスタイルを山西省の人に広めていきたいと思います」

この若きオーナーも、意欲的な店舗拡大を計画していて、来年には10店舗、最終的には30店舗を目指すという。ステーキハウスに興味ありという問い合わせはすでに幾つも来ていて、今後、4、5店舗は一気に進むだろうという見通しを語った。

ふたりが注目し、目標にしているという輸入業者の話にもなった。もともとは広州のホテルのレストランのシェフで、今は北京にいる人のようだ。ヨーロッパからピザやスパゲッティーの食材、オランダのコーヒー、ニュージーランドの海鮮、オーストラリアの牛肉など、全部自前で輸入しているという。3、4カ月前には深圳に進出し、300平方メートルもある洋食レストランを造ったそうだ。この若いオーナーは、

「直接食料品を輸入するビジネスにもどんどん乗り出していきたい」

と威勢のいい声で語った。ワインはすでに父親の代に足がかりを得たビジネスとのことで、最近フランスから生牡蠣の輸入も始めている。オーストラリア産の辛口の白ワインを航空便で取り寄せ、味の組み合わせとしても洗練度をアップさせているという。

受け身の姿勢を脱して、主導権を握ればいい

この店オリジナルというスープが運ばれてきた。

スプーンで口に含むと、牛乳の濃厚な味が効いている。

「牛乳の輸入先も研究中だ」

とオーナー。最近のお気に入りは、賞味期限が6カ月から9カ月の、ウクライナ産とイギリス産。「草原の味」がして、旨いという。オーナーは、

「独自の関連商品を開発し、レストランからスーパーマーケットへ展開する経営モデルを目指したい」

と言い、イベントもすでに数百回行ったと胸を張った。去年の中国の正月、春節に芸能バラエティー特別番組に出演したシェフとも交流があるそうだ。

次にジャガイモを使った料理が出されてきた。すかさず高さんが質問する。

「どこのジャガイモですか？　うちの取引先にもジャガイモを手広く扱う業者がいて」

「これはスペイン産ですね。実は、山西省産のジャガイモも味がいいのですよ」

とオーナーが返答した。

実は高さんは、山西省のブロッコリーの品質が良いため、外に売れるのではないかと狙っていると、別の場所で語っていた。

ビジネスの芽は身近なところにいっぱいある。「海外からの輸入」だけに限らない。食の世界に入ったのだから、儲かることは全部やろうということらしい。メインディッシュの鉄板にのせた熱々のステーキが運ばれてきた。

「どうぞ、温かいうちに食べてください」

と、オーナーが促す。

ステーキをナイフで切り、口に運びながら、高さんがこんなことを言い出した。

「アメリカ人は、ステーキを全部小さく切ってから食べるのが好きなのよね。イギリス人は、一口食べたら次の一口を切るんですよ」

オーナーが応じる。

「牛肉をどのように調理するか、みんながどのようにステーキを切るか、それに応じて中国式の焼き方をしたいですね」

なんという研究熱心、たくましい商魂、バイタリティーだろうか。中国内陸部でビジネスを拡大しようとするふたりは、さらに私たちにこう話した。

「環境が良くないとか言っている場合ではありません。ビジネスの環境が悪くても大丈夫。受け身の姿勢を脱して、主導権を握ればいいのです」

中国政府の「2015年食料政策大転換」

帰りの車の中で高さんに尋ねてみた。

「日本にくるはずの牛肉まで、全部中国人が買ってしまうのではと心配になりました」

高さんはこともなげに答えた。

「そうなら山西省から買えばいい。ここには牛肉はいくらでもある」

にわか牛肉バイヤー、にわか牛の加工業者、にわかステーキハウス・オーナー……。彼

牛肉消費量

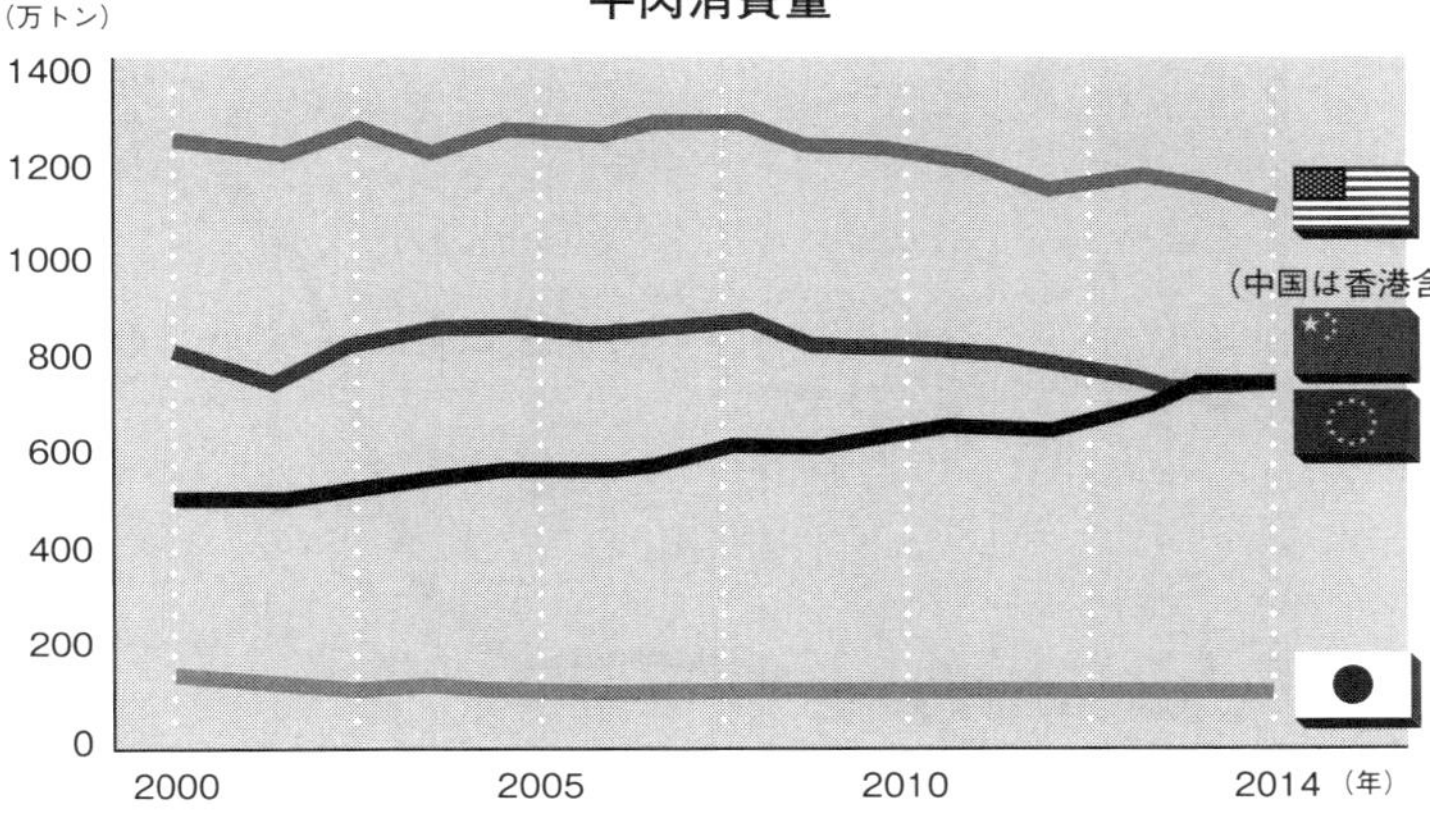

資料：アメリカ農務省

らの勢いはとどまるところを知らない。こうした光景を目にしながら、私たちは逆にある疑問を膨らませていく。それにしてもなぜこうも勢いを加速していくのか。彼らの底知れぬバイタリティーは、何かに後押しされているのではないか。

　中国が牛肉をどれほど食べるようになったか。アメリカ農務省の統計で見てみると、２０００年以降、増え続けていることがわかる。日本の消費量が10年以上ほぼ横ばいなのを尻目に中国のそれは増加し続け、２０１４年にはヨーロッパ（ＥＵ）に肩を並べるまでになった。牛肉の輸入量を見るとさらに顕著で、２０１４年までの５年で６倍に増えている。ついに２０１３年、牛肉輸入量において中国が日本を追い越した（42ページ図参照）。

牛肉輸入量

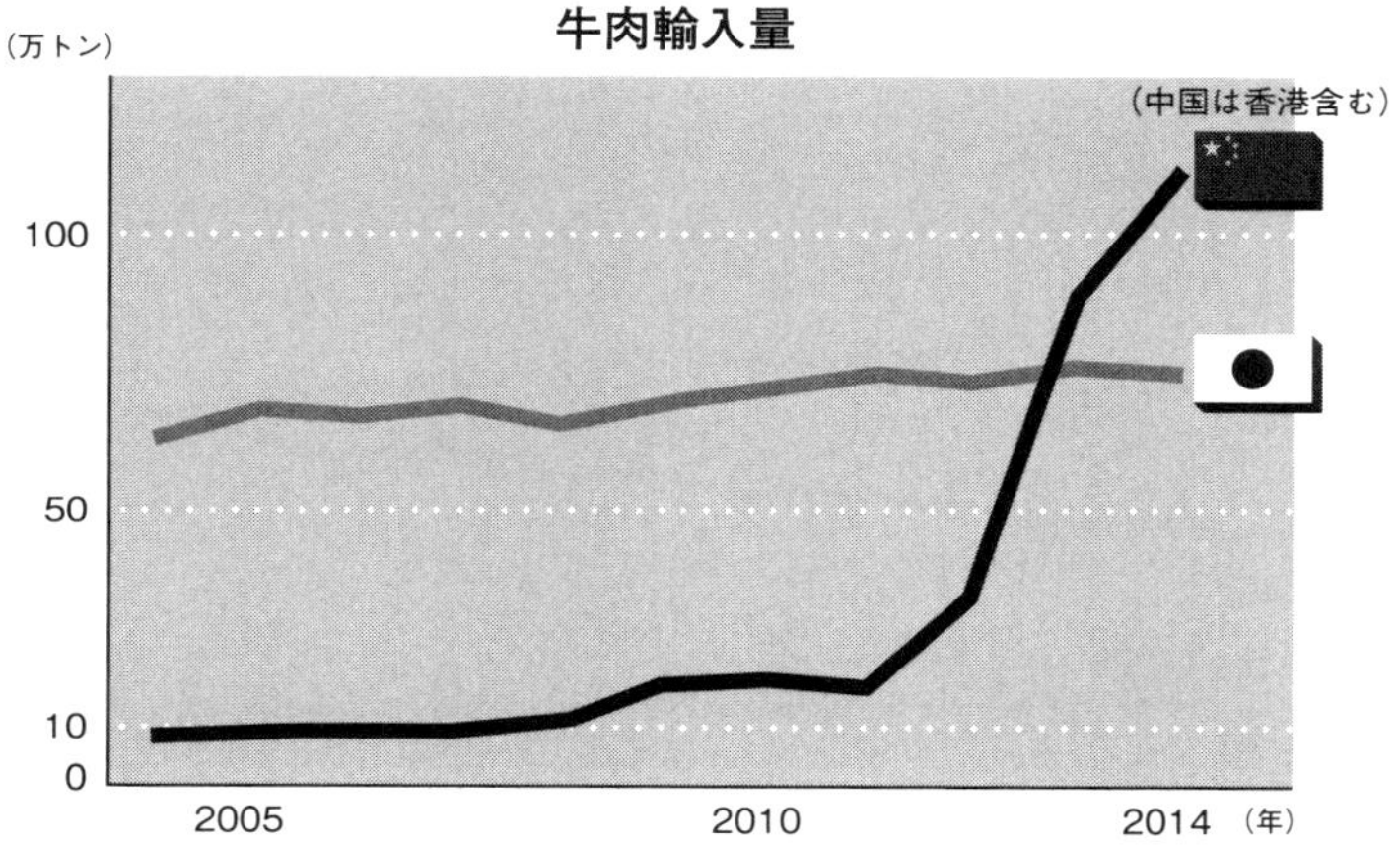

資料：アメリカ農務省

私たちは取材を進めるうちに、中国政府の「重大な決定」にいきあたった。2014年1月、中国政府が極めて重要な政策の指針を打ち出していたのだ。

毎年1月に出される「中央一号文件公布」。アメリカでいえば、大統領が毎年年初に出す「一般教書」にあたる。〝Change!〟を掲げて就任したオバマ大統領が全米を熱狂させた、あの演説だ。

「中国の一般教書」で中国政府は何を掲げたか。自給自足を基本としてきた中国の食料政策を転換して、輸入を全面的に促進すると宣言したのだ。ただし「中国版の宣言」はオバマ演説ほど派手ではない。総立ちの拍手の中でトップが語るわけではない。

出されるのは、いわば「一枚の紙」。しかもその内容は、あまりに「そっけない」。中国国務院の関係者への取材の結果、一番大事だとわかった一文である。

「更加積極地利用国際農産品市場和農業資源」

簡単にいうと、「国際農作物市場を利用して農業資源の調達をさらに進めていく」との意味だ。言葉も単語もオバマのようには躍っていない。

しかしこの一枚の紙、この一文で中国13億人は、一斉に「食料輸入」に向かったというのだ。具体的にいえば、コメと小麦以外は、どんどん輸入を加速させている。トウモロコシも輸入するようになった。もちろん大豆も。これまで中国は、すさまじい量の大豆を輸入していたはずだが、さらに近年大豆の輸入量が加速度的に増えている。

中国にも流れ込んでいるアメリカ産牛肉

「世界の半分を中国が食べる」といわれる豚肉でも同じことが起こっている。

経済を著しく発展させてきた世界一の豚肉消費国・中国。２０１３年5月には、アメリカ最大の豚肉加工業者スミスフィールド・フーズが約47億ドルで中国企業に買収されている。この動きは牛肉にも及ぶのではないか……。中国国務院発展研究センター副所長の程国強氏が解説をしてくれた。

「中国は人口が増え、限られた農地では需要をまかなうことができません。消費に合わせて食肉の生産を拡大していけば、飼料の生産を増やすことになり、中国の環境が耐えられなくなります」

「爆食」といわれ続けてきた中国の「爆の度合い」がトップギアに入り、異次元とも言えるものに変わってきている。そのことを象徴する言葉だと感じた。

ところで、中国の牛肉輸入に関して、「存在を隠した輸入牛肉」がある。ミスター牛肉・池本部長を「買い負かせた」あの場面を思い出せば、すぐ気がつくはずだ。

アメリカ産の牛肉がまったく語られていないのだ。２０００年以降、中国においてアメリカ産の牛肉はＢＳＥ（牛海綿状脳症）の発生を理由に輸入を禁止してきた。今もその政策自体は変わらない。しかしそこは「建前と本音」を使い分ける中国。香港ではアメリカ産牛肉の輸入がＯＫなので、香港で積みかえて中国本土に運べば問題ない、とされているというのだ。他にも、台湾経由など幾つかのルートがあると聞いた。

そう聞かされて本土の都市の市場にいってみると、目の前にまさにその光景が「あった」。アメリカの業者の名前がデカデカと書かれた箱に入ったまま、肉が取引されていたのだ。ただし、こう説明する人もいた。

「『箱だけアメリカ』で中身は違うかもしれませんよ、アメリカ産は人気があるから」

中国のビジネスの「虚と実」は複雑に絡み合い、門外漢には見分けすらつかない。

こうした事情がわかってくると、アメリカ農務省の香港を含めた中国の牛肉輸入量のカーブが異様に急上昇したことだけでなく、北京で開かれた「世界の食の博覧会」に「主役の一角」を占めるはずのアメリカ産牛肉のブースがなかったことの意味が、ようやく腑に落ちてくる。

全部買ってくれる方に売りたい

ではなぜ、これまで日本に牛肉を売っていた輸出国は、手のひらを返したように中国に売るのか。国を挙げた爆食を支えるための輸入奨励、ある種の解禁だけが引き金なのか。にわかバイヤーのバイタリティーがすごいからなのか。

私たちが取材を進めると、高さんのような中国バイヤーの「買い方」も強みになっていることがわかった。太原の加工工場で見た大きな肉の塊。そこに値段だけではないもうひとつの秘密があった。

私たちは、中国への輸出を増やす国で、世界的牛肉輸出国のひとつ、オーストラリアに飛んだ。

オーストラリアの食肉加工業者が取材に応じてくれた。加工業者の倉庫に入ると、ずらりと枝肉がぶらさがっている。映画「ロッキー」でもおなじみの、あの壮観。確かに枝肉を4分割していた。「2分の1」に切れ目が入れられ、ふたつに分かれる。分かれた肉がぶら下げられたままブラーンと移動していく。聞くと、中国への輸出用だという。

同じ加工工場で、日本向けショートプレートの加工作業も見ることができた。同じ部位を切り離し、まわりの余分な脂肪などを切り取って、透明の袋に入れている。1頭からとれるショートプレートはおよそ10キログラム。日本の商社は、この「部品」だけを買う。

ここがポイントだという。ショートプレートを買う商社は、他の部位も買うかもしれないが、買わないかもしれない。ショートプレートは絶対に必要だとしても、他の部位が必要かどうかわからない。売る側としては、他が売れ残るリスクを背負うことになる。対して、中国は「全部買ってくれる」から売れ残るリスクがない。それなら中国に売りましょうとなる。加工工場の担当者はこう語った。

「中国は牛をまるごと買ってくれるので非常に助かる。これまで日本に輸出していた牛肉は中国に向かうことになるでしょう」

逆に日本は、この事実を知ったからといって、「はいそうですか」とすぐには変えられない幾つもの事情がある。例えば日本の牛丼チェーンは、ショートプレート以外は、いらない。他の部位を買えば、かえって困る。味、食感、値段を徹底的に研究し、たどりついた「答え」がショートプレートだからだ。まさに「黄金のビジネスモデル」。だから、手ごわいライバルが出てきたからといって、そうおいそれとは変えられないのだ。

一方中国では、大昔から「全部の肉を食べる」習慣がある。どんな部位でも使い方を考えるのが中華の伝統。骨も皮も、全部どうにかして食べてやろうというのが中華料理。だから世界でも有数の「多彩な料理群」を誇っているわけだ。

しかも、肉を「部品に分解するコスト」は、オーストラリアより中国の方が安い。さらにいえば、高さんたちがいるのは、急激な経済成長で賃金が上がった沿岸部ではなく、内陸部の山西省である。「コスト競争力」の観点でいえば、理想的な環境で牛の解体をしている。経済成長のうねりにようやく追いついた「遅れた内陸部」であることが、一転強みになっている。

それにしても、その山西省で「一皿８００円の牛肉炒め」をみんなが競って食べている。デフレが何十年もとまらなかった日本で、３００円代の牛丼をみんなが食べている一方で。

なんという時代になったことか。

Newzealand

第3章

ヒツジへの玉突き現象

「すすきの」で気づいた異変

今回、世界中を駆け回る取材を始めることになったひとつのきっかけは、NHK札幌で取材をするあるディレクターの「気づき」からだった。気づきは、「牛肉」についてではない。「羊肉」を巡る異変だった。

札幌の繁華街「すすきの」で庶民の味方といえば、ジンギスカンだ。かつて世界を制したモンゴルの英雄、ジンギスカン（チンギス・ハン）がかぶった兜のような丸い鉄板の上で、羊の肉をもやしなどの野菜と一緒に焼き、タレにつけて食べる。ここ数年は、仔羊の生肉、ラムを焼く店が特に人気だ。

雪の降りつもった路地裏を歩くと、あちこちに専門店が見えてくる。「生ラム」と大きく書かれた赤い暖簾をくぐると、羊独特のにおい。ジュージューという小気味いい音が、あちらこちらから聞こえてくる。少し煙が充満している様子がさらに、食欲をそそる。牛と比べて割安でしかも旨いとの評判から、出張などで札幌を訪れる人も、羊肉を求めて、ジンギスカンの店に繰り出すことが多くなっていると聞くし、私自身もそんな感覚を共有している。

ところが最近、その「割安感」が、薄れてきている。ラム肉の値段が急に上がり始めたのだ。「すすきの」で提供される羊の生肉は、主にニュージーランド産かオーストラリア産。その仕入れ価格が1年でなんと3割も上がったという。

あるジンギスカン専門店を訪ねてみた。若い客が景気よく羊肉を丸い鍋に乗せ、ジュージュー焼く店の奥に、店主が案内してくれる。冷凍設備がついた倉庫の中。山と積まれた、生ラムの箱。オーストラリアやニュージーランドの国旗が、印刷されている。店主が嘆く。「メーカーは違っても、みんな（羊肉を）値上げしてきていましてね。なかなか値段が下がらないと言っている。オーストラリアやニュージーランドで。困ったものです」

ずっと割安だった「庶民の味」に突然起きた異変。「なぜだ、なぜだ」と追いかけ、世界各地に足を延ばしてその原因をたどっていくと、グローバル市場独特の奇怪な現象が突如姿を現した。壮大な「玉突き」が起きていたのだ。

私たちは、ニュージーランドの広大な放牧場を訪ねた。行けど行けども緑の大地が続く見渡す限りの牧草地。

白い雲の下に、白い無数の点が見えてくる。羊だ。近づくと、口をもぐもぐ動かしながら、みんな同じ姿勢、同じ動作でこちらを見ている。カメラがその穏やかな顔をアップで横に流していく。どこまでいってもカメラが止められない。何百頭の羊がいるのだろうか。

「人間の数より羊の数が多い」国

「人間の数より羊の数が多い」といわれる国、ニュージーランド。初めて訪れたときは、誰が行っても羊の数に驚いて帰ってくるのが常だが、長年続くごくありふれた風景でもある。

しかし、その風景が最近変わってしまったという農家があることがわかった。

「羊を飼うのをやめた」農家らしい。すぐにいってみた。車を走らせると、別の生き物が目に飛び込んできた。「白」ではなく、「白黒」の動物だった。一本道の道路のこっちにもあっちにも、一面にいる。

羊から「牛」に放牧を転換したのだ。この農家によれば、祖父の代から連綿と続いた放牧の形が、一気に変わってきたという。近くで見ると羊より一回りも二回りも大きな「白黒の牛」たちが草をはむ放牧場を見ながら、農家の人は説明した。

「昔、この牧場には3000頭の羊がいて、見渡す限り羊だらけだったんですがね」

なぜ牛に変えたのか。答えは簡単だった。牛の方が儲かるからだ。

案内された先には、牧場で腹いっぱい草を食べた牛が戻ってきて、その乳を搾る大きな「搾乳場」があった。メス牛の大きな乳房が見える。自動で搾乳する器具が次々と取り付けられると、牛は静かに立ったまま搾乳に応じる。

白い牛乳がどんどんタンクに入っていく。なんという量だ。この牛乳のいき先は、中国だという。中国で進む食の西洋化。その波は、牛肉だけではなく乳製品にも及んでいる。

そういえば、中国の地方都市の高級ステーキハウスでも「牛乳」が話題に上っていた。

「学校給食でもミルクを飲ませれば、そういう学校や幼稚園が人気になる」

と、牛肉加工業者が語っていた。

牛乳は今、中国に持っていけば持っていっただけ、売れる状況なのだろう。しかも、乳をしぼったあと乳量が下がったり、繁殖できなくなった牛は、「肉」にもなる。

世界中、そして日本でも同じことが行われている。いわゆる「乳廃牛」と呼ばれる肉だ。スーパーなどでは、「黒毛和牛A5等級」などとは違い、あまり強くは主張しないが「国産牛」と表示され、売られていることが多い。

乳牛を飼えば、「牛乳」だけでなく「肉」も生産できるのだ。「肉と羊毛（ウール）」を売る羊とは、ビジネスモデルがまったく違うわけだ。

ニュージーランドから中国への乳製品と牛肉の輸出額は、ここ1年で8割も増えた。

中国の「異次元〝爆食〟」を引き金に幕を開けた「新時代」を垣間見た気がする。

「（羊と牛では）儲けの違いは歴然としている」

と、大転換に打って出た農家の男性は、語気を強めた。

「90年前の祖父の代から羊を飼ってきた。父も同様に羊を飼ってきた。しかし同じ面積であれば羊よりも牛を飼ったほうが、5倍以上利益が違ってくる。牛の方がコストはかかるが、それらを差し引いても、牛の方が羊よりもはるかに儲かるのです」

乳を搾り終えた牛たちが、何十頭も並んで、こちらを見ていた。同じ姿勢、同じ仕草で。

2008年に起きた「食料危機」

私たちは数年前の取材を、きのうのことのように思い出す。経済のグローバル化が急速に進み、リーマンショックの起きた2008年10月に放映されたNHKスペシャル「世界同時食糧危機」。今回、その番組を担当した私を含めたプロデューサーのふたりが2015年3月に放映されたNHKスペシャル「世界牛肉争奪戦」の制作を担当し、取材した。

NHKスペシャル「世界同時食糧危機」が放映された前の年、2007年といえば世界経済の好調を牽引してきたアメリカの住宅価格がついにピークを打ち、下降線に転じた時期だった。低所得者を対象とした利率の高い住宅ローン、サブプライムローンの「化けの皮」がはがれ始めていた。異様なバブルに世界が踊っていた「後悔」のようなものが、関係者の間に急速に広がり始めていた。

２００８年5月には、ウォール街5位の投資銀行ベアー・スターンズが破綻寸前で巨大商業銀行ＪＰモルガン・チェースに吸収合併され、世界経済はまさに「首の皮一枚」で、金融危機の深い淵への転落を免れた。市場が休みの週末の間に、救済のスキームを見出し、実現させた業界1位のゴールドマン・サックス前ＣＥＯのヘンリー・ポールソン財務長官の手腕に、多くの関係者が驚嘆した。

２００８年、未曽有の金融危機と同じタイミングで、豊かさを目指してグローバル経済の仲間に入った世界中の新興諸国で、同時多発的に食料危機が起きた。貧困層だけでなく、中間層といわれる人までも食べ物を買えなくなった。給料が底をついてしまったのだ。

国によってグローバル経済への参加度合いが異なっても、世界各国で同様の現象が噴出した。日本では、新興国ほどの極端な騒動にはならなかったものの、食料品の相次ぐ値上げで食料に対する不安が広がっていた。「物価の優等生」といわれた鶏卵の価格まで影響を受けて、値上がりした。日本の外では暴風雨、日本の内ではにわか雨。でも、じわじわと広がる不安。今回の「牛肉」危機と同じ構図といってよい。現場を捉えたカメラは、異様な光景を映し出していた。

アメリカが続けてきた「したたかな戦略」

古代文明の時代からナイル川の氾濫原で小麦を育て、今までパンを食べ続けてきたであろうエジプトの首都カイロでも異変が起こっていた。街中のパン屋の店先で、女性たちがパンを奪い合っていた。昔ながらの硬い大きな白いパン。何本もの太い腕が伸び、パンを引っ張り合い、後ろから伸びる腕を振り払う。「私が先よ」、と怒号が飛び交っていた。カイロの街から瞬く間にパンが売り切れていった。

中米の国エルサルバドルでは、貧困層、庶民だけでなく国家公務員の家族が飢えを経験していた。公務員といえば、本来であれば一番安定した暮らしを保証されているはずの中間層である。家に入れてもらうと、文字通り「食料が底をついて」いた。パンを満足に買えない。急に穀物などの物価が上がり、財布の中のお金も「底をついて」いた。

エルサルバドルの農村部への取材も行った。農家を訪ねると、たくさん鶏を飼っているはずの養鶏場が空っぽになっていた。つい先ほどまで鶏がいたという。外に出るとトラックに、鶏がこちらも文字通り「山積み」されていた。トラックの荷台に鶏を入れるために柵が取り付けられ、無数ともいえる鶏が詰め込まれている。柵の隙間から、一羽の鶏が首を出してこちらを見ていた。哀れに赤い口を開いている。鶏たちの、助けてくれという声が聞こえるようだった。飼料代が跳ね上がり、卵を産ませても儲けが出ないから、鶏肉にすることにした。

「鶏を飼い続ける方が損になる」

と、農家は語った。

ずっと安かったはずの「輸入穀物」が急騰すると、こんなことが起きるのだ。世界のあちらこちらで、「食い物をよこせ」と庶民が暴動を起こしていた。そんな殺伐とした映像が次々とＮＨＫスペシャルの編集室に持ち込まれた。なぜ、そんなことになるのか。私たちは、その原因を作ったと思われるアメリカを取材し、戦後「世界の食」を変えるアメリカの戦略に関わった人たちに、執拗にインタビューした。

見渡す限り、トウモロコシや大豆、小麦の畑が広がるアメリカ中西部の穀倉地帯。農産物を、戦後のアメリカの最も大切な輸出品にしたという「立役者」が、農家や農家の団体から伝手《つて》をたどると次々現れた。アメリカにとって今や穀物と肉は、重要な輸出品だ。しかし自然にそうなったわけではない。

「第二次大戦、太平洋戦争の幕がおりて日本の戦後が始まってすぐ、オレたちは動き出した」

と「立役者」たちは胸を張って答えた。私たちの気がつかないところで、この大穀倉地帯の収穫物を世界中の国に大量に買わせようと、アメリカが脈々と続けていた「したたかな戦略」が存在していたのだ。

「日本」はアメリカの最初のターゲットだった

アメリカが最初にターゲットにしたのは、戦後間もない日本だった。戦後、日本の学校給食にパンが導入された時代だ。主食のコメも十分に食べられなかった時代、日本人の食生活にパンが導入され、食の西洋化が一気に進んだ。

ではパン食導入の裏で、何が起きていたのか。アメリカは国と農家が一体となって、大穀倉地帯の収穫物を日本に買わせようと、日本相手に様々な作戦を繰り出していた。

「仕掛けた」アメリカと、「仕掛けられた」日本。私たちが取材を重ねたところ、「豚空輸作戦」というすごい「作戦」が見つかった。

日本が戦争の焼け野原から立ち上がり、ようやく豊かさをつかみ始めた1959年、日本を襲った巨大台風があった。死者、行方不明者を合わせて5098人を記録した伊勢湾台風である。当時、甚大な被害に多くの日本人が苦しんでいた。食べ物がまだ極端に不足していた当時、「支援」を名目にアメリカから大量の「生きた豚」が空輸で送られてきた。

豚が食べるトウモロコシと共に。

　その時、豚が空輸されてきた農家を調べて訪ねてみると、農家は今も豚を飼っていた。豚はアメリカ産の配合飼料を食べていた。その時以来の「習慣」だという。今でも農家はアメリカに感謝していた。全国各地の農家を取材するとあちらこちらで、アメリカから「より効率的に家畜にエサを食わせ、早く太らせて成果を出す」とのふれこみでアメリカから指導員が派遣され、アメリカ産穀物の消費が進んだと聞いた。


日本人がたくさん豚を食べるようになれば、農家も儲かる。やがて豚でも牛でも、飼育の規模が大規模化されていった。それまで連綿と続いてきた日本の「農の形」が変わった。コメだけでなく麦も育てていた農家が、細々と作っていた麦をやめた。

「日本の農家がちまちま小麦を作っても、日本人はたくさんパンを食べられない。アメリカのあの広大な小麦畑を見ろ。コメ作りに特化した方が効果的だろう」

というわけだ。輸入した小麦の方が、パンには向いていると誰かが言い出し、それをみんなが信じたのだろう。

　では麦をやめたら、何が起きたか。麦から出ていた副産物、「ふすま（小麦の表皮部分）」などの飼料がなくなった。それを食わせて、農家が一軒ごとに一頭は飼っていた牛が、いなくなった。牛乳も肉も、それまでの形では生産されなくなった。代わりに大規模な酪農家が増え、アメリカ産の配合飼料を大量に牛に食わせ、大量に乳を搾った。

アメリカ産穀物輸入のススメ

学校給食のパンの横に並ぶ「牛乳瓶」のために、せっせと牛乳が生産された。いやなにおいのする脱脂粉乳から、生乳への転換である。小学生たちは、みんなで腰に手をあて、牛乳を勢いよく飲み干すようになった。風呂上がりの銭湯でも、大人たちが同じ格好で飲む光景が見られるようになった。戦後、人口が急増した日本で、人口に比例するように牛乳消費量が増えた。日本だけではない。戦後、同じような「アメリカ産穀物輸入のススメ」が、アフリカのエジプトでも、中米のエルサルバドルでも行われていった。アメリカからの安い輸入穀物によって、それぞれの国の農業の競争力は奪われ、形を変えさせられていった。自国での農産物自給体制が減退、あるいは崩壊。代わりに輸入穀物を食べ、さらに輸入した飼料で家畜を飼う仕組みが世界中に広がっていった。

ちょうど私たちが取材を進めていた頃、この「ススメ」は中国に本格的に上陸し始めていた。アメリカの穀物を使った畜産形態を指導するためにアメリカの農家団体の事務所が、北京に設立された。そのあと、「食料危機」が世界を襲った。

グローバル化が進み、アメリカ産の穀物を買う国が増え、それなしに生きられなくなった世界。突然始まった穀物高騰に、なすすべもなく、危機の広がりを眺めるしかない。職のない人から庶民に、そして中間層へと「謎めいた食料危機」が広がっていった。

国民の多くが、突然食べ物を食べられなくなる異常事態。あの頃、今見ている「争奪戦」の序章は始まっていたのだ。しかし事態はなぜか沈静化し、みんな忘れてしまった。

しかしながら、時代を経ても、アメリカが狙う食の独占、食の歪《ゆが》みは確実に進んでいた。

エジプトやエルサルバドルが苦しんでいる中、日本にも、「小波」とはいえ穀物高騰の波は押し寄せていた。日本の酪農家も苦しんでいた。牛乳を売ろうとしても、国内市場は満杯。牛乳が余りすぎて困る一方で、海外産に頼る飼料代のコストがはね上がり、大規模化した酪農家が次々と倒産する事態が深刻化していた。

日本の小学校では、過疎地から地方都市、そして都会へとだんだん子どもの数が減っていき、学校給食で消費される牛乳の量が落ち込んでいた。輸入穀物の価格は上がるのに、市場で牛乳がだぶつき、乳価が下がっていく。そうなると、酪農家はお手上げ状態になる。

日本国内では大規模酪農家が連鎖的に倒産する事態が進行した。すると酪農市場では「次の奇怪な現象」が起こった。牛乳の生産量が減ったことで、牛乳から作られるバターが不足する事態に発展したのだ。バターが不足し、バターの価格が急高騰。すると輸入バターを増やせとなった。

この「酪農家が減ることで引き起こされるバター不足の現象」は、その後も頻発している。何十年も同じ状況が続いているのだから、例えば解決策として、日本から中国に牛乳や乳製品を輸出することで、バターの生産に必要な乳牛の数を確保すればよさそうなものだ。だが、なぜか転換は進まず、酪農をはじめとする大規模畜産業者の廃業は続いている。日本一の大酪農地帯、北海道で今、廃業した酪農家の広大な放牧場に姿を見せる人たちがいる。ニュージーランドの大手酪農業の担当者だ。

中国では今、羊肉の価格も上がってきているという。中国の人たちの多くは、羊も食べる。２つに仕切られた独特の形の鍋に紅白のスープをいれた、「火鍋」で羊肉をしゃぶしゃぶにして食べるのだ。ちなみに赤い方がすごく辛い。そのスープを使ってしゃぶしゃぶで食べるなら、薄く切った羊肉がやはり旨い。

ところがこれまで羊肉を供給してきた内モンゴル自治区、あるいは隣国モンゴルの草原地帯の農家が、急激な肉市場の拡大に応じ切れなくなっている。経済発展著しい中国の爆食は、豚・鶏・羊から牛への転換、食の西洋化をどんどん進めたが、もともと人気のあった豚・鶏、さらに羊でさえも、異次元爆食化のあおりを受け、足りなくなっている。

羊肉の不足には、放牧地で進んでいた「草原の無理な農地化」も影を落としているという。すると「さあ、輸入だ」という話につながっていく。ニュージーランドの羊の放牧場が牛に転換したと思っていたら、羊が減った分だけ異次元爆食のスピードに羊肉の量が追いつかなくなってしまった。札幌、すすきののジンギスカンの値段が高くなるのは、当然だ。グローバル資本主義の複雑な連鎖、壮大な「玉突き現象」は、とめどもなく続いていく。

ニュージーランドにあらわれた「にわかバイヤー」

私たちのカメラは、羊から牛への転換が進むニュージーランドで、ある人物の姿を捉えた。山西省の牛肉バイヤー、高紹清さんだ。高さんがこの日訪ねたのは、牛ではなく「羊の牧場」だった。冷凍室に入り、羊の枝肉をしげしげと眺めている。これから羊肉の価格が上がれば商機がくる、とひらめいたのだという。枝肉を4分割、または6分割した大きな塊で、2万トンから3万トン買えないかと交渉を英語で始めた。なんという商魂だろうか。

交渉には、2014年からニュージーランドで羊肉輸入ビジネスに参入したという中国企業の担当者も同行していた。今や1年間で120万頭の羊を肉に加工している。

「ニュージーランドは外国企業の参入に好意的なので、私たちにとってありがたいです」と前置きした上で、ニュージーランド政府の環境保全政策、製品の品質、羊が食べる草の種類までこだわり、農業技術に投資する政策をたたえた。その上で、中国企業の担当者は、

「企業利益を最大にしていきたい」

と前のめりに語った。

そのあと続いた担当者の言葉に、私たちは唖然とした。彼らの会社はもともと、金融・不動産・建設事業を営み、中国の土地バブルでさんざん稼いだ。さあ今度の儲けのネタは「肉だ、羊肉だ」とニュージーランドに進出してきたというのだ。この後、催された夜の飲み会における高さんたちの会話も、そういった「景気のいい話」に終始した。

リーマンショック後、ギリシャ危機に襲われたヨーロッパ経済の減退は彼らにとって非常に痛い。「世界の工場」中国から機械などを輸出してきた貿易商は、肉に商機を見出すしかない。中国経済自体も、かつての勢いがない。土地バブルの崩壊も始まっている。これからも、高さんたち「にわかバイヤー」は、中国の庶民にどんどん肉を食わせるのだろう。そうすれば価格が上がる。儲けが増える。世界で起きる様々な異変も大歓迎。グローバル市場は、混乱すれば混乱するほど儲けが膨らむ。

問題は、それが私たちの食の世界にボーダーレスに入り込み、侵食していることだ。

第4章

大豆を求めてアメリカ、そしてブラジルへ

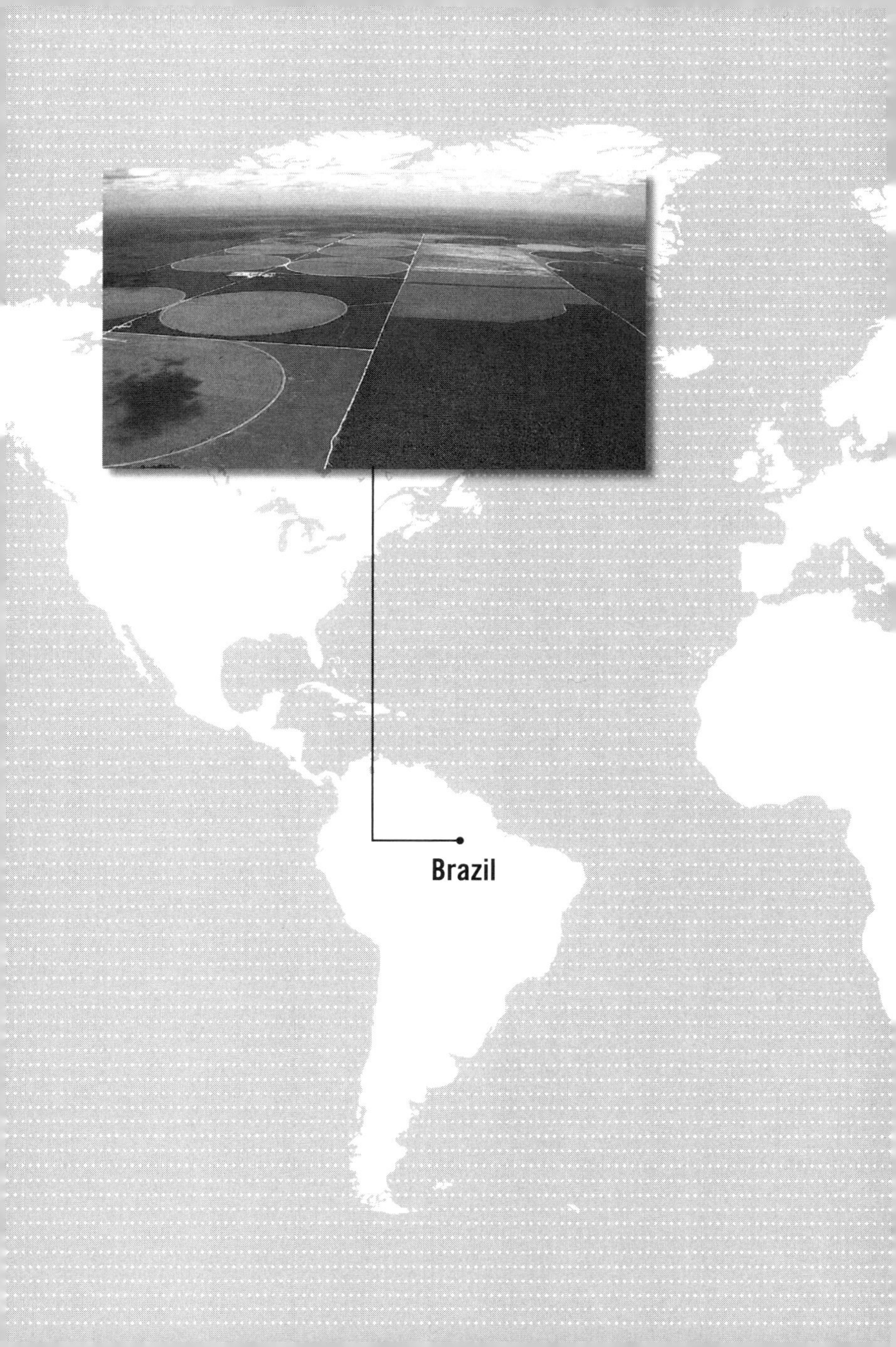
Brazil

中国が買ったあとは何も残らない

中国の異次元爆食を震源として、「肉の世界地図」の急激な書き換えが起こっている。牛肉から「玉突き」で引き起こされた羊肉への影響だけでなく、中国の異変が日本に様々な形で影響を与えていた。その異変は、日本人の食卓に不可欠な「ある穀物」にも及んでいることが、私たちの取材で明らかになってきた。

大豆である。

豆腐や味噌、醤油の原料である大豆は、日本ではまだ緑の時に「枝豆」の形で食べることもあり、大変馴染み深い食材である。大豆が小麦やトウモロコシと同じように「穀物」といわれると、少し違和感を感じてしまう。しかし世界で、大豆といえば、牛や豚に食わせる飼料としての穀物を指すことが多い。大豆をしぼって油をとった残り、「大豆粕」が重要な飼料となるのである（油は油で、食が西洋化すると消費が増えてくる）。

この大豆にアラームが点灯している。どんな危機が進行しつつあるのか。

私たちは、日本の大豆の輸入を担う大手商社の中核部隊を取材した。

伊藤忠商事の大豆輸入の責任者、大北昌彦課長。輸入部隊の司令塔である。大北氏はこの日も革かばんをさげて会社の自席に戻った次の瞬間、携帯電話を取り出して部下に指示を出していた。

「3000ドルで10日……、たいしたあれにはならへんけどな」

独特の柔らかい口調の関西弁が個性的である。

ミスター牛肉の池本部長（双日食料）が「軽快な口調」で深刻な事態を受け流していたのと同様、大豆でも私たちの予想をはるかに超えた異常事態が進行していた。関西弁で「ぼけて」ないと、やっていられないほどの事態なのだろう。

大北課長は部下を伴い、大手味噌メーカーのハナマルキを訪れた。ここでは、国産も使うが、輸入大豆も大量に使っている。大北課長が会議室にある革張りのいすに腰を下ろすと、奥の扉を開けて岡本博義副社長が出てきた。大北課長は、厳しくなる一方の大豆調達の現状について、丁寧に説明していった。

「チャイナがどうなるかというのが重要でして。彼らが買ったあとに我々が買うといっても本当に、（大豆が）残ってない状況です」

岡本副社長が嘆く。

「中国によって価格の高いものを（我々が）買わざるをえない時代が、もう足音を立てて来るような気がしてしようがない」

大北課長は間髪入れず、

「副社長ね、もう（そんな状況が）めっちゃきてると思ってまして……」

柔らかい口調に本音をにじませた。足元どころか、もう腰まで、あるいは首まで「水が上がって来ている」というのが大北課長の実感なのだろう。

会社に戻って大北課長に改めて聞くと、こう答えた。

「ずっと日本の方が（中国の）先を走っていたんですけど、少なくとも大豆の買いつけでいうと、今は中国の方がある意味、量的にもスピード感も進んでいるのは間違いなく、このままいくとモノ（大豆）が足りなくなります」

とっくの昔に追い越されていた日本

大豆において、戦後、長い間日本は「世界一の輸入国」だった。戦後のアメリカの穀物輸出戦略に乗じてつかんだ「輸入大国の座」。食料自給率の面からはほめられたことではないが、市場における取引交渉での「力」という観点では、大きさは「有利さ」を表す。

アメリカの穀物メジャーから長年有利な条件で大豆を買ってきた日本。価格においても、量においても、品質においても。急に増やしたいとか減らしたいとか、輸入の時期をずらしたいなどという要望においても。日本は文字通り、世界一の「大豆輸入大国」だった。

しかし１９９０年代、その地位を揺るがす存在が現れた。中国である。中国は瞬く間に日本を抜き去り、今や輸入量は日本の20倍、年間７０００万トンに達している。日本では、今、牛肉で起きている事態を、大豆においては十年以上前に経験していたわけだ。しかも２０１５年1月に出された中国政府の指針は、その状況をさらに加速させるものと受け取られている。今、何が起きているのか。大北課長が、巨人中国の「得体の知れないすさまじさ」について詳しく語ってくれた。

私は、ボクシングのヘビー級で、ある「死闘」が世界中を熱狂させた時、主役を張った選手を思い出した。モハメド・アリ。「蝶のように舞い、蜂のように刺す」と称されるボクシングスタイルの選手だった。15ラウンド（現在の12ラウンドよりラウンド数が多い分だけ「死闘」も多く、会場の熱狂度も高かったと記憶している）、休むことなく、スキップを踏むようにリングの中を、まさに「舞う」。そのスピードに相手選手がついていけなくなり、全身に疲労をにじませるやいなや、超強力な重いパンチを一閃させ、相手をマットに沈める。そんなすさまじいボクサーだった。だからこそ、無敵と言われたジョージ・フォアマンとの世紀の死闘、「キンシャサの戦い（奇跡）」での、アリの「完全静止、完全防御」の戦術は、後々の語り草になった。

大北課長の中国の話は、王者モハメド・アリを想起させるものだった。

時差を利用して大豆を輸入する

最近、伊藤忠商事は大豆トレードの拠点を、東京からアメリカのポートランドに移した。

「そうしないと『ビフォー・チャイナ』、つまり中国に先手を打つことができない」

と大北課長は語った。伊藤忠商事は南米ブラジルのサンパウロにも拠点を設けた。

「中国の企業は、当然北京を拠点に大豆を販売する。それに対抗するため、例えばシンガポールにバイヤーが拠点を置いていればシンガポールでカバーする。そうしないと、中国に追いつけなくなった」

と大北課長は述べ、こう続けた。

「アメリカと南米と東南アジアの現場で、それぞれ何が起こっているのかという情報を一気に取れるようにする。東京でいろいろとコントロール、ハンドリングできる体制に変えて、中国だけじゃなくて、産地側のいろんな情報も総合した上で、何をやっていくのか、どういった判断をしていくのかを、みんなで考える体制。これらが我々の行っていることなんです」

では、これまではどんな対応をしていたのか。大北課長が、「オーバーナイト」と呼ばれてきたという従来の体制を、関西弁で丁寧に説明してくれた。

「アメリカから、例えば大豆をお客さんに売るときに、要は夜中、アメリカの夜中、オファーを出しといてくれ、と。だから、アメリカのトレーダーは寝といてください。僕らその間、交渉しとくんで、と。日本の夕方頃、交渉が終わってから、じゃあそろそろ、アメリカのトレーダーが起きる、と。こう対応するんです」

これは、アメリカから日本が「好きなだけ好きな時に買える」ということが前提になった話だ。その上で、どれだけ有利な条件で大豆を買うことができるか。そのために時差を利用して、世界各国の拠点を使ってリレー方式で輸入していくのが「オーバーナイト・オファー」だ。しかし、その言葉自体が今や「死語」になったという。信じられないほど、取引のスピードがアップしたからだ。

今はこのような取引を行っているという。アメリカのシカゴにある先物市場がオープンすると同時に、５分、10分単位で大豆の「売り」が動き出す。だから、アジア向けはオーバーナイト・オファーで対応できる機会がめっきり減った。５分、10分のスピードについていくには、24時間世界のどこかに担当者がいて、リレーしていく体制を組むしかない。そんな時代に突入したというのだ。

さらに、大北課長は、大豆取引の複雑さ、自分たち商社マンが持つべき自覚を、自らにいい聞かせるように話した。

「日本の（大豆輸入量である）３００万トンは、中国と比べると小さいんですけど、中国除きますと決して小さくはないんですよ。だから今はむしろ、ちょっと中国の買い方が突出しているというのが、正直なところです。

だから日本自体も自ら過小評価してましして、俺たちもう話にならなくなったと感じる必要はないと思いますし、日本も十分世界に誇れる数字なんですけど、もう中国の数字がばかでかくなっちゃってるので、実態として大豆に関していいますと、中国の影響度がすさまじい、ということです」

大北課長は、今後、さらに中国の大豆輸入は増えていくだろうと予測した。

「たぶん、市場では（中国の輸入量は）今、年間７０００万トンですけど、２０２０年には、1億トンに近づくんじゃないかという見方をしている人が大半です。ですからあと３０００万トンくらい、どっかで大豆作らないとまた足りなくなるということです」

大北課長は、こんなことを言って締めくくった。

「２０００年頃ですが、つまり２０１０年にこうなるとは、予想されてなかったと思うんです。でも僕は中国だけじゃなくて、インドとか北アフリカとか、こういう国がどうなるかというのも、かなり大きなテーマだと思ってます」

もっと大変な時代がくる、ということだ。

では大北課長がいう「予想もつかなかった事態」とはどういうものか。私たちは、大豆の大輸出国アメリカに飛んだ。

アメリカの輸出基地が変わっていた

伊藤忠商事の大豆輸入部隊に導かれて、私たちが向かった先は、アメリカ西海岸だった。穀物輸入の現場を以前から見てきた者にとって、実は意外な場所だ。

アメリカの穀物輸出は大陸の内陸部、中西部の穀倉地帯で収穫される大量の穀物を、海外に運んで売ることで成り立ち、その輸送は従来、「水運」が担ってきた。

アメリカには、おあつらえ向きの大河がある。穀倉地帯のど真ん中を流れ、メキシコ湾に注ぎ込むミシシッピー川（全長３７７９キロメートル）である。

私たちが２００８年に世界食糧危機の取材をしていた時、ミシシッピー川の川沿いには、穀物メジャーが建てた巨大な穀物の貯蔵施設、カントリーエレベーターが林立していた。

世界にアメリカの穀物を売り、支配する存在とされてきた穀物メジャー最大手のカーギル、イラク戦争で原油調達の不安がアメリカをおおった時代、トウモロコシからバイオエタノールと呼ばれる燃料を製造する動きに積極的に関わっていたＡＤＭ、さらにアメリカの農協が合弁してできたＣＨＳなど、巨大パワーを持つ穀物メジャーである。

船一杯に穀物を積み込んだ輸送船が、川幅の広いミシシッピー川を何隻も進むさまは壮観だった。河口には、「輸出基地」ニューオーリンズがある。積み出し港をヘリコプターから撮影すると、ザーッと輸出船に積まれるトウモロコシや大豆からは煙があがっているように見えた。世界を牛耳る大食料輸出国アメリカの力を見せつけられる思いだった。ところが今回見るのは、その「定番ルート」ではないという。

常識、プライド、郷愁もぶち壊す「経済合理性」

私たちは、西海岸ポートランドに建設された輸出の現場に向かった。入り江の入り口に長い橋がかかっていて、大きなトラックが走っているのが見えた。その先に穀物メジャーのブンゲと伊藤忠商事の合弁で運営する穀物輸出エレベーターＥＧＴ社がある。港には専用の輸送船が停泊していて、大豆が積み込まれていた。その量はなんと６万トン、全部中国向けだという。

伊藤忠商事の山田恵公ポートランド事務所長代行が、現状を説明してくれた。

「日常業務のほとんどは中国向けの輸出業務です。中国向けは「巨大な輸送船」単位で管理しますが、日本の豆腐や味噌、醤油向けはいわば『コンテナひとつ』の小さな単位です」

中国向けは巨大な輸送船なのに、日本向けはコンテナひとつとは、悲しい現実だ。

内陸側に目を向けると、鉄道の線路が敷かれていた。一体何台の貨車が連なっているのだろう。穀倉地帯から大量の穀物を、この貨車が運んでいる。一時期、アメリカでは、飛行機や車の台頭で鉄道輸送網がすたれてしまった。西海岸と東海岸を人が行き来するなら飛行機が断然早い。物流ならハイウェー網が発達しているからトラック輸送が便利で安い。しかし、今は状況が大きく変化した。これだけ大量の穀物を港に運ぶなら鉄道が有利だ。「経済」は必要さえあれば、瞬く間に「インフラ」を整え、そのために資金がつぎ込まれる。過剰なまでにマネー経済が拡大した今、金はいくらでもある。

アメリカには、残念ながら東西をつなぐ大河が存在しない。ニューオーリンズから穀物を積んだ輸送船が中国を目指そうとすれば、パナマ運河を通過しなければならない。量的にも制限がかかり、運河通行料金のコストもかさむ。ならば、鉄道を敷けばよいと。

「経済合理性」は、長年の常識も、「ニューオーリンズってすごい街だよ、雰囲気がいいよね」という類の、ある種のプライドや郷愁のようなものも、何のためらいもなくぶち壊す。それはあたかも巨大ハリケーン・カトリーナのようだ（私は、この巨大ハリケーンがニューオーリンズを直撃し、都市機能を長期間麻痺させたことも「輸出基地移動」に影響を与えたとみている)。

世界におけるアメリカの存在感の低下

世界同時食糧危機の取材、あるいはバイオエタノール製造ブームの取材の時、日本の商社マンが「遺伝子組み換えしていない大豆」の確保に四苦八苦しているさまを、私たちは目の当たりにした。

家畜に食わせるなら、ましてや燃料にするなら、収穫量が多いこと、手間やコストが最小限で済むことが優先される。だから「遺伝子組み換え作物」が増えていく。日本の豆腐や味噌のために、面倒な「非遺伝子組み換え」を作ってくれるようアメリカの農家を説得するのは、当時でも大変なことだった。

今は、もっと大変なのだろう。実際、遺伝子組み換えの大豆はその後も増えたに違いない。

伊藤忠商事の大北課長も「技術開発の成果」が安定し、単位当たりの収穫量、反収は「すごく伸びた」という。しかしそれでも「少なくとも量だけは安心」とは到底いえない現実を、私たちは突きつけられている。

今や中国の需要は、アメリカからこれだけ大豆を輸入しても追いつかない。そうなれば、ますます争奪戦が過熱する。それを見て、世界の他の国が大豆生産に乗り出すに違いない。関西弁の大北さんはこう語る。

「やっぱり穀物の相場が上がったんで、もう色んなところで植える人が増えてきたんとちゃうかなと思います」

もちろん、とぼけていられる状況ではない。とぼけるしかない状況とも言えるかもしれない。

私たちの脳裏に、中国で取材班が撮影したカットがよみがえる。中国・河南省にある中国最大の豚肉生産基地の異様な光景である。牛をあれだけ食べるようになった中国の異次元爆食。牛だけでなく、豚もさらに食べるようになっている。もともと世界中にいる豚の半分を食べてきた中国人が、アメリカ最大の豚肉加工メーカーを買収した上で、さらに信じられないほどおびただしい数の豚を中国で飼っていたのだ。

気持ち悪くなるほど多くの豚が、トラックの荷台の柵の中に詰め込まれていた。そして見渡せないほど遠くまで続く豚肉加工の作業場。中国の異次元爆食の結果起きたのは、世界におけるアメリカの存在感の低下だ。

大北課長の発言を聞くと、事態の進行スピードの速さに唖然とするしかない。

「（大豆を）僕なんかが始めた頃は、もうアメリカを見てればわかったんですね。もうすべての9割くらい、たぶんわかっていたと思うんですけど。今どうですかねえ、3割くらいかな、おそらく。

結局アメリカが豊作でも、今がまさにそうなんですけど、今までだったらもっと価格は下がっていたはず。下がっていたはずですけど、下がっていますけど下がりきってないっていうのは、そういった事情ですね。他の国も影響が大きいんで、それが確認されるまでは市場は反応しないと。今、こういう構図になってるんで、すごく複雑になってます」

中国の食料戦略立案にかかわった男

今、起こっていることをもう一度整理するために、中国の食料戦略を研究し、自らも戦略立案に加わったという国務院の程国強氏のインタビューを聞き直してみることにした。

程氏は、私たちのインタビューに対して、まず中国の基本的な数字を示している。

「中国の統計に基づいて計算すれば、食料の総生産量は11年連続で増産され、２０１４年は6億２０００万トンに達しました。コメ、小麦、トウモロコシ、高粱、大麦、燕麦などの穀物、大豆、緑豆、黒豆などの豆類、ジャガイモ、サツマイモといったイモ類も含んだ数字です」

その上で、大国中国として、何を大事にして自給と輸入を組み合わせるかを説明した。

「基本的には私たちはひとつひとつの食料、つまり小麦と水稲については比較的安定した発展を維持しています。ここ10年は特に国内の需要と供給のバランスがとれるようになりました。

主食として食べる穀物は自給が基本ですが、自給を達成できています。輸入に関していえば、例えば強力小麦をカナダ、アメリカからおよそ１００万トン。白小麦などをオーストラリアからおよそ１００万トンくらいでしょうか」

さらに、程氏はこう答えている。

「コメは大量に貯蔵できていて、ここ５、６年で生産が伸び、国内の消費の伸びを上回っています」

日本は、「減反減反」と耕作放棄地を増やし、相変わらず小麦は大量に輸入して、食料自給率を40パーセント（カロリーベース）から少しも上げられない状態にいる。日本と比べると、食料の重要性に関する国の姿勢、真剣さの違いを感じるのは私だけだろうか。

もうアメリカはいい、今度は南米だ

程氏の話は、飼料用穀物の代表格であるトウモロコシに移った。

「トウモロコシについては、国内生産は2億トンを突破。10年前にはおそらく1億2000万〜1億3000万トンだったので、増産幅では一番でしょう」

しかしそれでも、中国は2011年からトウモロコシを輸入している。それだけ需要の伸びが激しいのだ。さらに、中国国内の肉、卵、牛乳に関する増産は、国内の需要拡大に応えるためだといっている。

大豆については、このように分析している。

「豆腐など豆製品用の大豆については、1500トンすべてを自給している。加えて、油を搾るための遺伝子組み換えの大豆も、少しは国内で栽培している」

と程氏は言うのだ。万が一、輸入がなくなり何か異変が起きた時でも、国内市場の混乱を最小限に食い止めようとする戦略が見てとれる。

搾油や搾りかすを飼料用に使う大豆の輸入について、程氏はこう述べている。

「7000万トンのうち約3000万トンを北米から、約4000万トンを南米から。今は南米が多い」

中国は、これまでは輸入を促進するため、段階的に措置を講じてきた。1996年まで実質的に輸入制限の役割を果たしてきた船の管理措置を廃止し、単一関税方式に切り替えた。いかにも中国らしいやり方だ。輸入の役人の采配に任せておくと、ああだこうだと難癖をつけるから輸入が結果として抑えられてしまい、事実上の規制になる（汚職の温床にもなるということだろう）。だからその手続きが要らないよう税率を単純化したということだろう。そこに2015年1月の「中央第一号文件公布」である。

程氏は、アメリカ大陸からの大豆輸入急拡大について、

「我々のここ10年の輸入急成長によって、アメリカと南米の農業は繁栄に導かれた」

とインタビューの中で、冷静に分析している。

アメリカはこれをどう受け止めるのだろうか。確かに穀物の生産量は増えたし、輸出により入ってくる外貨も増えた。しかし、独占的な穀物輸出で享受してきたヘゲモニー（覇権）は、明らかに低下したとみるべきだろう。アメリカ最大の輸出品の「神々しさ」にかげりが見えてきたのだ。中国の爆食は、アメリカの超大国としての地位を下げ、中国の地位を上げる原動力となってきたということではないか。

程氏の分析は終わらない。これからは、もうアメリカはいい、今度は南米という話だ。

「肝心なのは、私たちの分析で、世界中の農業資源に巨大な潜在力があることがわかったことです。特に南米は大豆生産のおかげで、相当の資源開発ができたのです」

研究し尽くされた「日本の食料政策」

程氏の話は、食料の輸入大国、日本にも及んだ。驚くことに、程氏は、日本を熱心に研究したことがあるというのだ。急速に経済が発展すれば、やがて「食の西洋化」に代表される食物の消費構造が変わり、国内資源で需要に応じきれなくなる。その時どうするのか。そこで、世界でいち早く「食を輸入に頼った先進国」日本に注目し、世界中に張り巡らせる供給チェーンを研究したというのだ。程氏は、中でも日本の商社を熱心に研究した。研究され尽くした結果、中国と日本の力関係はどうなったか。

女王の座を奪われた日本女子バレーボール、「東洋の魔女」が脳裏をよぎる。あるいは、リーマンショックのあと、バブル崩壊後に公的資金投入の仕方を誤り「失われた20年」の泥沼に陥った日本の轍を踏むまいと、アメリカをはじめ多くの国が「日本のどこがだめだったか」を徹底的に学んだ。「失われた20年」のような長期的な不景気をさす「ジャパナイゼーション」という言葉を聞いた時の、なんとも嫌な気分がよみがえった。

先ほどのボクシング・ヘビー級のスーパースター、モハメド・アリの強さの秘密も「綿密な敵の研究」とそれに基づいた「緻密な作戦」にあった。今も語り継がれる名勝負「キンシャサの奇跡」で、最強のパンチャー、ジョージ・フォアマンを研究し尽くし、あえて自分の「蝶のように舞う足」を封じて終始ロープを背負い、鉄壁の防御でフォアマンが疲れ切るまでパンチを打たせ、息があがったその瞬間重いパンチを繰り出し、マットに沈めた。

伊藤忠商事の大北課長は、「中国に対する戦いの難しさ」をこう語る。

「我々の思う相場観で、ちょっと買っとこうかとか、逆に売っとこうかと、思い切ってやりたいのはあるんですけど、様子を見ざるをえないな、という風には思ってます」

「動けないんですか？」

と聞くと、

「いや、やっぱり本当、何もしないこと自体もリスクなところがあってですね。というのは、僕ら日本にもお客さんがおられますし、中国にも当然おられるし、そういう方々にモノを販売していかなきゃいけないし。モノは売るか買うかしか、方法ないですから。そういう意味からすると、何かしらの判断はやっていかなきゃいけないんですけど」

そして結局、商社マンの「基本のキ」に戻るのだと、大北課長は結んだ。

「そういう意味では、やっぱり現場主義っていうのは今も昔も変わらなくて、見て会って話さないとわからない。そういう意味では、やってること自体の本質は変わってないです」

日本の国土の5倍を超える草原セラード

では、中国のおかげで農業資源開発が進んだといわれる南米は今、どうなっているのか。

2014年11月、私たち取材班は今や世界一の航空会社デルタ航空の満席となった便に乗って、地球の裏側、南米の大国ブラジル・サンパウロへ向かった。ブラジルにおいても私たちの案内役を買って出てくれたのは、大北課長率いる、伊藤忠商事大豆輸入部隊だった。その一員、前田憲哉《かずや》さんは前年度、サンパウロの拠点に移ってきたばかり。

大豆の広大な農地を持つ農家との商談に同行させてもらうことになった。「商談」といっても、まずは挨拶し、顔を覚えてもらう段階だという。新規開発のブラジルでは、アメリカでの状況とは比べ物にならないほど、中国が先を走っている。そこへどう食い込んでいくか。私たちは前田さんと一緒に、サンパウロから国内線の便で目的地へ向かった。

アメリカに続いて、この地でも私たちの予想は裏切られた。行き先は、長年大豆畑が開拓されてきたことで知られるアマゾン川流域ではなく、灌木が一面に生える内陸の草原地帯、セラードだった。日本の国土の5倍を超えるこの大草原が、開発の主戦場で、続々と大豆などの畑に姿を変えているという。

実は、アマゾンの開発には地球環境の破壊であると国際的な批判が集中し、ブラジル政府が開発に厳しい条件をつけている。そのため、開発面積の10分の８を自然のまま残さなければならないという極端な規制が設けられていて、開発の波は規制の外にあるセラードに移っているというのだ。

眼下にセラードが見えてきた。ぽつぽつと灌木が生い茂っている。やがて、その向こうに平らにならされた緑の畑が見えてくる。

「巨大な円」が幾つも現れた。直径10キロメートルではきかない大きさだろう。これが大豆畑のひとつの単位なのか。その円が、境界線の灌木地帯をはさみながら、果てしなく続いている。畑の開発用に造られたと思われる「最小限の機能だけの空港」に降り、車に乗り換えた。

舗装されていないまっすぐな道を進む。走っても走っても、目的地に着かない。何時間走っても同じような畑が続き、遠くに虹が見えてきた。どんなに走っても虹が近づかないのは当然だが、虹の左右の風景もまったく変わらない。想像を絶する広さだ。

ようやく指定された面会場所に到着した。走ってきた道よりは少し幅が広い土の道が１

本あるだけ。前田さんは同僚とふたりでじっと待つ。

やがて遠くにかすかなエンジン音が聞こえてきた。

「ブーン」

音はだんだん大きくなる。

白い小型飛行機が近づいてきた。幅の広い土道は、滑走路だったのだ。小型飛行機はスーっと着陸した。前田さんたちの前を通り過ぎ、見えないほど遠くに走っていく。

あわてて飛行機に近づいていくと、飛行機から大男が降りてきた。

白いシャツに白いパナマ帽。大きな太鼓腹。

「ボンジーア（こんにちは）」

と挨拶を交わすと、人懐っこい笑顔になった。彼がこの地域で「大豆王」と呼ばれる農家、ジュリオ・ブザット氏だ。ブザット氏は、慣れた手つきで小型飛行機の給油口のキャップを開ける。「これはあなたの〝自家用車〟か」と聞くと「そんなもんだ」と返ってきた。

農地は東京ドーム約９８００個分

ブザット氏の操縦で、自慢の大豆畑を見せてもらうことになった。

乗り込むと、土の滑走路をまた勢いよく走り出し、離陸。小型飛行機はみるみる高度を上げる。ブザット氏は上機嫌だ。うしろを平気で振り返り、右手の親指を立てる。

通信用の装置を耳と口につけた前田さんが質問する。

「この辺はすべてあなたの畑なのですか？」

「そうだよ」とブザット氏。すかさず反対側を指さし、

「そっちもだよ」と、こともなげに言う。

飛んでも飛んでも、畑は続く。20秒後にひとつの畑の「円形のへり」にようやくたどりついた。ブザット氏の畑は、広さ４６０平方キロメートル。東京ドーム約９８００個分。それでもブザット氏はセラードの開発、農地の拡大を今も続けているという。

飛行機を降りて、まだ豆のつかない緑の大豆畑の中で、前田さんはさらに質問した。

「売り先は決まっているんですか」

「大半が中国向けだ。それはわかってるよね？　彼らはとても積極的だよ。偉大な買い手だ。どんどん買いにきているよ」

前途多難。しかし、ブザット氏は連日、その人懐っこい笑顔で、私たちをあちこち案内してくれた。

最近一部の畑に導入し始めたという灌漑の施設。馬鹿でかい移動式のスプリンクラーのような装置から、景気よく水を出してくれた。ただし、施設がカバーできるのはほんの一部で、広大な畑のほとんどは雨が頼りだと、ブザット氏は説明した。

もうすぐ開発するという未開地にも、どんどん入っていく。数十センチのたけの草が生い茂る。その中に高さ3メートルほどの灌木が、あちこちに立つ。幹にはつる草がからみついている。そこにブザット氏ら農家自身が重機を入れ、開発する。コストは当然農家の負担。ここへ移住してきた頃は苦労が多かったそうだ。

「アメリカの穀物メジャーに足元を見られて、安く買いたたかれたもんだ」

とブザット氏は語った。しかし畑が広がるにつれ、その力関係は変わってきたという。畑に立つブザット氏を見ていると、その言葉の意味がだんだんわかってくる。

どんなに畑を広げても中国が買ってくれるという信じられない状況。中国の爆食は、膝にも届かないたけの「か弱い豆」を、こんなに広い土地で作らせているのだ。

もっと作れ、まだ足りないと今もいっているのだ。そしてこんな気のいい太鼓腹のいち農家が「大豆王」と呼ばれるようになり、それが数十人、数百人集まるうちに、世界最大の大豆輸出国アメリカの地位を揺るがすまでになったのだ。

日本にいると想像もできない「桁違いの世界」。その「桁」の違いは「一桁」であろうはずはなく、「二桁」は当然で「三桁以上」なのかもしれない。とてつもない世界である。

穀物メジャーよりも価格交渉力を持つ男

ブザット氏の事務所にいって、衝撃的な場面に出会った。この「いち農家」が、中国系企業や穀物メジャーを相手に価格交渉を仕掛け、勝っていたのだ。年に30億円も売り上げるようになったその「大きさ」が、アメリカの穀物メジャーが牛耳ってきた価格の主導権をたぐり寄せ、握ってしまったのだ。

模型飛行機が何台も飾られ、黒革張りの椅子が並んだ事務所には、ブザットさんの兄弟が集っていた。もともと家族で始めた農家だから、会社の経営は今もすべて兄弟で行う。

価格交渉を行うのは、弟のマルコスさん。目つきが険しい。首にはゴールドのチェーン。腕にはゴールドのブレスレットとゴールドの腕時計。指には金の指輪、手に持つのは金色のボールペン。デスクの後ろには、華やかな衣装と化粧を施した娘たちの写真が並ぶ。アメリカに留学中という。目を上げると、薄型パネルの大きなモニター。数字が並んでいる。シカゴの先物市場の価格、その変化がリアルタイムで表示される。ブザット氏も、真剣な目つきで数字を見つめる。弟に尋ねる。

「シカゴの先物市場はどうだい？」

ブザット兄弟は、次の収穫分のすでに3分の1を売った。あとをいつ、どれくらいの価格で売り、利益を最大化するか。この日の交渉では、シカゴの国際価格から、1ブッシェル（約27キログラム）21ドルを超えるかどうかを、基準にしたようだった。

マルコスさんの携帯電話に、穀物メジャーの担当者から電話がかかってきた。

マルコスさんは、手元にメモを取りながら、落ち着いた声で交渉を進める。

「21・1ドルで、受け渡しが3月と4月だって？」

「こちらの考えでは、だいたい22ドル」と少しふっかけた。

「21・5ドルから22ドルの間なら、考えますけどね」

そう言って電話を切った。そして今度は自分から電話をかけた。相手は、少し前に電話してきていた中国系企業。提示価格を改めて確かめるようだ。

「20・8ドルか。それは安すぎるな。まあ、何かあったら電話してください」

そう言って、マルコスさんは一方的に電話を切った。結局この日、大豆は売らなかった。

「市場がどうなるかだね。21ドルで売るか、もう少し辛抱するか。すでにいくらかは売却済みだから、もう少し待ってもいいかな。誰に売るかなんて、決まりはない。すべては価格次第だ」

目の前で見せつけられた「大豆王の実力」。あれだけ大量に買う中国系企業も、長年世界を支配してきた穀物メジャーも、小さいと感じざるをえなかった。

パンツ一丁もはかない「裸の資本主義」

それにしてもこの「地球の裏側の大豆の世界」には、まったく「公的な存在」が見えない。国も、国際機関も。どういうことなのか。

私たちの知る「食の世界」は、そのようなものではない。「食」は国や世界にとって「安全保障」の対象だ。だからアメリカはその力で世界を牛耳ってきたのだし、世界を牛耳ってきた穀物メジャーと呼ばれる民間企業も、アメリカ政府と深くつながってきたはずだ。

中国の程国強氏のインタビューからも、安全保障の観点から緻密に先を読もうとする国家戦略がひしひしと感じられた。しかし私たちが今ブラジルで目にしているものは、あまりに不用意で無防備で、もっといえば「いいかげん」なものだ。

ちなみに、今回のブラジルでの撮影や取材で、アメリカや中国でなら当然ある「国家による有形無形の圧力」は微塵もない。家族でセラードに移住し、苦労しながら手つかずの草原を開拓して誰の力も借りずに自力で大きくなった農家だから、農家の撮影許可だけあればいいのかもしれない。しかしながら、私はいいようのない違和感を持ち、恐ろしささえ感じる。

「大豆王」の中には脱税容疑で追われながら、今も農地を拡大するツワモノもいるそうだ。セラードでも一定の「自然環境を残す規制」はあるらしい。しかし監視する人や組織は、影も形もない。この地域でいえば、監視役は農業者団体ということになるのかもしれない。しかし、その農業団体の代表、責任者はブザット氏だ。

ブレーキのついていない自動車でアクセルを踏み続けるようなグローバル資本主義。正装どころか、パンツ一丁もはかない「裸の資本主義」を目の当たりにした気がした。

伊藤忠の前田さんは、一連のブザットさんとの交渉の後、大豆畑の片隅で改めて日本が大豆を確保することの厳しさを口にした。

「中国企業を含めて、新たなプレーヤーがどんどん出てきていて、そうなればなるほど、僕らが買える機会は減ってくるんですね、危機感を本当に感じます」

中間考察

アメリカ型資本主義の象徴は、「牛肉」である

アメリカの牛肉加工業者が語る本音

私たちのインタビューに応じたアメリカの牛肉加工業者が、興味深い話をしてくれた。

「深刻な干ばつで母牛まで屠殺せざるをえなくなり、アメリカにいる牛が激減した状況に陥った」

加工業者の担当者は、その時またこんなことも言った。

「アメリカでこんなに牛の群れが見られなくなったのは、1950年代以来だ」

ニューヨークでも富裕層の数が多いマンハッタンではなく、その外のブロンクスやクイーンズ、ブルックリンやニュージャージーなどいわゆる貧困層の多い地区。ここで牛肉高騰が影響して消費が減っている現状を指摘しながら、今の彼の考えを披露してくれた。

「牛肉を代表選手にした動物性タンパク質。これが安価になったのは、農業が産業化したからだ。それによって安価な肉が手に入るようになった。そのかわり味や品質は落ちた。私が子どもの頃は、牛肉を食べるのはせいぜい週に1回だった。農業の産業化によって牛肉の大量生産ができるようになったが、品質は二の次になった」

中国がアメリカ最大の豚肉加工会社スミスフィールド・フーズを買収した件についても言及した。

「中国が2013年5月にスミスフィールド・フーズを買収したが、これにはふたつ大きな意味がある。第一にアメリカの生産モデル、つまり技術を買ったということ。さらに重要な意味がある。中国がスミスフィールド・フーズの生産する豚肉を輸入し始めると、産業化されたアメリカの農業に問題があることがわかる。今後、中国は、産業化された農業の問題を中国に持ち込むのではなく、豚肉だけを輸入しようとするだろう」

「産業化された農業」なるものを、この加工業者はかなり敵視している。これはどういうことなのか。別の文脈では、彼はこんなことも言っている。

「今、消費者は品質の高い肉を求めるようになっている。それはホルモン剤や抗生剤を投与していない肉だ。そのためには牛を成長させるのに、長時間放牧する必要がある。その結果として肉の品質は良くなるが、そのかわり高価なものになる」

これは、いうなれば「産業化した畜産」についての指摘だ。生産量を上げるためにホルモン剤や抗生剤を牛に与えるという「安易な方法」を消費者、つまりマンハッタンに住む富裕層は「毛嫌い」し始めていると。

「安易な方法」とは何か。ここ数十年の間に確立された「技術」のことだ。そんな手っ取り早い技術ではなく、本来牛を育てるのに必要な手間や時間をかけてほしいと消費者がいい始めたというのだ。彼が指摘した「産業化された農業」について考えていくと、まさに

20世紀が始まった頃アメリカが主導権を握り、第二次世界大戦後、爆発的に富を増やして世界をまきこんでいった「アメリカ型資本主義」という「怪物」の姿が見えてくる。

「大量生産による富の増大」至上主義

もちろんそれは、アメリカが最初に始めたことではない。18世紀イギリスで産声をあげた「産業革命」の中に「怪物」はすでにいた。蒸気機関が発明され、高速で走る鉄道なるものが現れたり、大量に毛織物、綿織物を造り出す機械が登場したりして、人間は信じられないほどの富を手にできるようになった。

いったん船が出たら帰ってくるまで待つしかなく、それまで利益の額も確定しないという「〝ベニスの商人〟の時代」とは比べ物にならない圧倒的なスピード。そのスピードに対応できるよう、投じる資金をババッと集め、増やしては投じ、増やしては投じで、資金を提供してくれた人に「お礼」を配るシステムとして「資本主義」が成立していった。

労働者はボロボロになり、首都ロンドンを流れるテムズ川はドブ川になり、煤煙で空は真っ黒になり……（そのパターンも、やがて日本や中国に引き継がれていくわけだが）。

その「資本主義」が20世紀をまたぐ頃、海を渡った「新大陸の国」アメリカが主役になった時、いわば「ローやセカンドから、トップにギアが入った」といえる。この例えが使えるようになった新時代、「自動車の世紀」が始まったのだ。

電気で走る車の普及を進めたトーマス・エジソンとの競争に勝ったヘンリー・フォードが、石油を鉄の箱の中で連続的に爆発させることで車を走らせる推進力を得る「内燃機関＝エンジン」を積んだ自動車を大量に生産するようになる（エジソンとフォードは実は親友だったというエピソードが、今聞くと面白い。今もまた、自動車はこのあと石油と電気のどちらで動かしていくか、争っているからだ）。タイミングをはかったかのようにアメリカ南部のテキサスで大油田が次々と見つかり、時代の流れは決定づけられていく。

大量生産車「T型フォード」の登場と共に、「同じ車を工場のラインで次々組み立てる大量生産の方式」が編み出され、一部のお金持ちだけでなくみんなが自動車に乗る時代が幕を開ける。自動車生産の中心地となったデトロイトからハイウェー網の建設がアメリカ全土に広がり、そこをデトロイトで造られた自動車がどんどん走った。

やがてフォードを抜いて世界一の自動車メーカーに躍り出たGM（ゼネラルモーターズ）が、「アメリカ型資本主義」の象徴的存在になっていく。ものすごい成長を毎年続けるようになる。それが1960年代だ。

牛肉加工業者の話を思い出してほしい。なぜ1950年代アメリカに牛があまり存在しなかったのに、その後ものすごい数が飼われて、大量の牛肉が生産されるようになったのか。ガツガツとステーキを食べる人が増え、「俺も俺も！」という熱狂がアメリカを覆っていったからだ。

「すごみを感じさせる贅沢なご馳走」

自動車が大量に造られ、造った車が売れていく仕組みそのものに「アメリカ型資本主義の真骨頂」が見える。当時、車を買ったのは工場のラインで働く膨大な数の労働者だった。たくさん売れるとその分儲かるから給料が増える。だから工場の労働者が車を買う。買う人が増えるからもっと造る。車は3万点もの部品を組み合わせて造るから、部品メーカーも増える。部品メーカーも儲かって、そこで働く従業員も車を買う。

そのうち「どっちが卵でどっちがニワトリか」分からなくなる。そんな熱狂がアメリカを覆っていった。マッチポンプともいうべき現象である。

「車が要るから車を買いたい、そのために車を造る」というより、

「車をたくさん造って売った方がみんな豊かになる。だからもっと造ろう、もっと売ろう。お前も買え。みんながもっと豊かになるために」

という或る種の「本末転倒」はこのころ始まったのではないか。私はそう考えている。

誰も「変だ」といわなかった。実際みんな豊かになっていったからだ。「おかしい」と

かいっている場合ではない。アメリカは圧倒的世界一の経済大国になった。あわせて言えば、ＧＭの快進撃が続いた１９６０～70年代、あまりに儲かりすぎて企業の利益を従業員たちの給料に積みきれなくなり、将来に積んだのが「企業年金」だ。年金が大盤振る舞いで、どんどん積み増しされた。

もともと「贅沢な食べ物」だった牛肉。もらった給料であこがれだった車を買い、その車を乗り回してレストランに入り、せっかくならとステーキを注文して食べたい人々がこぞって食べる物に牛肉はなっていったのだろう。「週1回が2回になり、できれば毎日食べたい」となる。人間の欲望は止まるところを知らない。そのうち庶民は、「おいしいから牛肉を食べたい」というより「牛肉を毎日食べられることが幸せ」となっていったのだ。インタビューに応じた牛肉加工業者の、「大量生産されるようになると品質が落ちたが、みんな気にしなかった」という指摘は、そういうことだと理解できる。もともとステーキは、「すごみを感じさせる贅沢なご馳走」だったのだが。

今回の取材でニューヨークを訪れた時、こんな話を聞いた。

「分厚くて大きい牛肉のステーキは今やニューヨーカーの食事に欠かせない、ちょっとしたお祝いや特別の日には必ず、というものだが、炭火の上で焼き上げるその形は、もともとイタリア人がもたらしたものだ」

というのだ。映画「ゴッドファーザー」の時代、実在のマフィアでいえばアル・カポネが新聞紙上を賑わした頃、彼らの肥えた舌や胃袋を満足させるため海を渡ってきたのだといいう。確かに今もイタリア・フィレンツェなどに観光でいくと、メニューの中の特別な一皿は、ひとりではとても食べきれないほどの、炭火で焼き上げた豪華なステーキだ。

ニューヨークで、マフィアが金にあかせて食べた特別な食べ物を、アメリカンドリームをつかんだリッチな人が好んで食べるようになり、多くの人がその豊かな生活に仲間入りして、いつのまにかニューヨークを代表する食べ物になったということなのだろう。

豊かさを象徴するステーキはアメリカ中に広がっていく。その需要を支えるため、さらに大量の牛肉が生産されるようになる。そしてその「豊かさの爆発現象」は、他の国のあこがれとなり、世界中が追い求めるモデルになっていったのだろう。

「自動車と牛肉はセット」だった

第二次世界大戦後、給食でパンを食べるようになり、牛乳を飲むようになった日本でも、牛肉がごちそうの座を占めていくようになる。日本は昔から牛肉を好んで食べていた、少なくとも明治の文明開化以降はその好みへと変化していた、といわれるかもしれない。しかし「牛肉の方が高級で、食べ物としてのランクが豚や鶏より上」という感覚が広く一般に広まったのは、実は戦後なのではないだろうか。

それまで、例えば、京都では、一番のごちそうだった「すきやき」に使うのは、その日つぶした一羽の鶏だった。牛より豚が好んで食べられる地域も多かった。肉の好みや上下の感覚には地域差、または地域の食の個性とも呼ぶべき違いがあった。ひとつの国の中でも、食の価値は多様だったわけだ。

それが「全員右向け右」の「アメリカ型資本主義」に呑み込まれた。あんな豊かな国にどうしたらなれるのか、早く追いつきたい。自分たちも豊かな暮らしがしたいというあこがれを「にんじん」にして。日本中が「右向け右」でひた走った。ライフスタイルも、その底に流れる価値観においても。「自動車と牛肉はセット」だったのだと、私は考える。

車など、一部のお金持ちの乗り物だった国で、大衆化が進んだ。戦後、焼け野原から立ち上がろうとした日本経済の牽引役が自動車産業だったから、自国民に買わせるのは至上命題だったということもあるだろう。豊かになろうとする人、そういう人が増える社会が、経済成長の推進役になった。アメリカと同じことが日本でも起きた。

多くの日本人が「家族でドライブ」したいといい出した。狭い国の、アメリカのハイウェーのようにはスイスイ走れない道を、（そういえば「せまい日本、そんなに急いでどこにへいく?」というコマーシャルが流行った）ニコニコ家族でマイカーに乗り込んで走った。彼女をデートに誘うならドライブだと、若者たちはこぞって自動車教習所に通った。そしてデートの食事では、奮発してステーキを注文した。日本の食卓でも、牛肉は毎日食べたい「豊かさの象徴」になっていった。

それはその後、世界中に広がっていったのだろう。おそらくエジプトでも、エルサルバドルでも。そして中国でも。地方都市の中華料理店で「牛肉炒め」が人気メニューに躍り出た。赤い漢字の看板が軒を連ねる街の一角に、ステーキハウスがオープンした。ワインで乾杯し、ナイフで肉を切ってステーキを食べる「進んだ食文化」にみんながあこがれるようになった。我も我もと。豚や鶏の下のランクに置かれていたはずの牛肉がトップに躍り出た。さあ輸入しろという話になり、国際市場での争奪戦が過熱していった。

アメリカの大穀倉地帯で起きた「農業の産業化」

とにかく牛肉だ、もっと牛肉を食わせろという推進力は、穀物を大量に生産するアメリカ中西部の穀倉地帯の農家にとって、すばらしい「儲けのタネ」だったに違いない。もっと穀物を作れという話になる。しかし広いアメリカといえども、未開拓地はそう残されていない。ではどうするか。

単位面積当たりの収量を上げるという話になる。長い年月をかけて地下深くに貯まった地下水を含む層、「帯水層」にパイプがつっこまれ、大量の水が耕地にまかれるようになる（やがて水資源の枯渇をもたらすことになるが、こうした枯渇は今、インドやオーストラリアなど世界各地で起きている）。少しでも効率的に、効果的に収穫を行おうと超大型のコンバインが導入され、さらにそのコンバインにＧＰＳなど様々な最新機器が搭載されるようになる。

農家は収穫した穀物を少しでも高い価格で売ろうとするから、毎日のようにシカゴの先物市場の相場を見て研究するようになる。ブラジルの大豆王がやっていたことは、10年、あるいは数十年も前からアメリカの農家がやっていたことだ。そうしたことを行った上で、農家が企業と一緒になって懸命に取り組んだことがある。品種改良だ。同じように種をまいても驚くほどたくさん収穫できるよう、種そのものをどんどん改良していくのだ。伊藤忠商事の大北課長がいう「一反あたりの収穫量」の大幅アップをもたらす。実際に現地に入って取材すると、その技術開発には目を見張るばかりだ。

取材の最中、アメリカ各地を飛び回っていたディレクターはあるテレビのコマーシャルを目にしたという。種と除草剤をセットで買うと、農家の作業効率が飛躍的に上がり、収量もアップすると、声を張り上げてアピールしていた。その「おすすめの種」をまくと、芽を出して緑の葉はのびていく。畑の中では、同時に葉をのばすものがある。雑草だ。雑草を放置しておくと、栄養を雑草にとられ、収量に影響が出る。広大な畑で、せっせと雑草を抜かなければならない。

さあ、どうするか。この時、一緒に売られた除草剤が威力を発揮する。除草剤をまくと、雑草だけが瞬く間に枯れ、育てたい穀物は枯れないのだ。なぜそんなことができるのか。穀物の遺伝子を操作し、除草剤をまいても枯れない品種を開発したのだ。これがいわゆる「遺伝子組み換え植物」である。

「虫も食わない植物の種」

遺伝子を組み換えれば、様々な「信じられないような効果」を人間は手にすることができる。信じられないほどの収量アップ。信じられないほど虫に強い品種。「虫も食わない」というやつだ（虫の遺伝子が最新のテクノロジーによって組み込まれるという説明を聞いたことがある）。その「虫も食わない植物の種《たね》」である穀物は、そのままの形でないことが多いとはいえ、最終的には人間の胃袋におさまることになるのだが。

種《たね》は毎年、最大効果をあげる最新のものを種苗会社から買うようになる。というより、農家は自分で種を確保できなくなる。収穫した穀物は、食用として売ることはできるが、種として置いておいたものは、翌年まいても、芽を出さない。そういう品種として開発されたものが増えていく。私たちのインタビューに答えた牛肉加工業者は、おそらくこれを「農業の産業化」と呼んでいたのだと、私は推測する。

ディレクターは、新品種の開発に取り組む施設を訪ねた。説明を聞くうち、なんともいえない気分になったという。なぜこの人たちは100パーセントの自信を持って、こうした品種改良を推進できるのだろうか。少しくらい「でも、これって本当に大丈夫なんだろうか」と思わないのか、という思いが込みあげてきたというのだ。

中国国務院の程国強氏もインタビューで、このことに言及している。

「中国の食の増大に対して、中国の国土だけで応えようとすると環境がもたない。遺伝子組み換えを含む『どのような科学技術も総動員して収量を上げていく』やり方に対しては、ある種の節度や制限をもって対応していく必要がある」

という発言。この中には程氏の遺伝子組み換えに対する〝意思〟が感じ取られる。

ディレクターは数年後、リーマンショックのバブルが崩壊したアメリカで、同様の気持ちに襲われるテレビコマーシャルを入手した。住宅ローンを勧めるコマーシャルだった。

「借金のある人もOK、破産した人もOK、裁判係争中の人もOK、誰でもローンが組めますよ」

というコマーシャル。除草剤のコマーシャルと同じような、陽気でかん高い声で宣伝していた。そうしてローンを組み、家を買ったらどうなるか。住宅価格がどんどん上がって、夢のような暮らしが手に入ると、コマーシャルは人々に語りかけていた。豪華なマイカーもそのうち手に入ります。ローンを組めばいいのです、家を担保に。

住宅バブルの熱狂は、世界の中で日本人が最初に経験したことだ。悪いことはいわないから借金してでも今すぐマンションを買いなさい。不動産価格がどんどん上がるから転売すればいい。売って得た金で今度は土地付きの一軒家を買えばいい。その次はビルだ、うまくいけばマンション一棟。そんな浮かれた儲け話が飛び交っていた。1987年にNHKに入局したばかりだった私でさえ、マンションを買った方が得だよという話をされたものだ。しかし、そんな経験をした私たちでさえ耳を疑うような「100パーセントの自信」がアメリカの人にはある。なぜそこまでポジティブになれるのか。

マネーでマネーを生み出す時代

アメリカはなぜ、サブプライムローンといわれる「本来貸してはいけない人に組ませるローン」を急増させてまで住宅バブルを膨らませたのか。そこには、自動車を造っては売り造っては売りを繰り返し、豊かさを手にして、みんながみんな牛肉のステーキを食べた

「アメリカンドリームのその後」の歴史がある。

アメリカが世界最大の自動車王国だった時代は、やがて下り坂となる。性能がよくて小回りが利き、ガソリンをそれほど食わず、排気ガスも驚くほど出さない日本車が、アメリカ市場を席巻していった。それでもアメリカの人たちは、それまでの豊かさを維持しようとした。多くの年金のお金を預かる年金基金は、株を保有する企業に「もっと収益を出せ」と要求するようになる。いわゆる「物言う株主」になっていった。

世界最大と称される年金基金カルパース（カリフォルニア州職員退職年金基金）は、衰えたとはいえ世界最大の自動車メーカーだったGMに圧力をかけ、トップの首を何度もすげかえた。そうして、大株主であるカルパースへの配当金、あるいは株価を高いレベルで確保した。やがて、どんなに圧力をかけても配当金が出てこない時代に突入していく。

GMをはじめとするデトロイトのビッグスリーの業績が悪化。アメリカ製造業の勢いはどんどん落ちていった。従業員の雇用が維持できず、リストラを繰り返した。残った従業員の、儲けていた時にできあがった年金を積む仕組みさえ重荷に感じられる、そんな状況に陥った。そこに出てきたのがニューヨーク・ウォール街の金融業者たち、つまり「マネー」だった。いわば、企業に資金をつぎ込んで自動車をどんどん造り、それを売って稼ぐ時代が、マネーでマネーを生み出す時代に転換したのである。

ＩＴ産業の盛り上がりがバブルとなり、あっけなくはじけた２０００年代初頭のＩＴバブル崩壊以降、マネーが製造業を引っ張る「本末転倒」が大手を振ってまかり通るようになる。

リーマンショックのあと、なぜこんな金融危機が起きたのかと関係者に根掘り葉掘り聞いてまわり、見えてきた「マネー資本主義の本当の姿」は、私たちの想像をはるかに超えて醜いものだったといってよい。

しっかり働いて稼いだ人に売るのではない。住宅がほしいからたとえお金がなくてもローンを組んで買う。住宅を手に入れたら、次はそれを担保にローンを組んで今度は自動車を買う。買う人が増えた、素晴らしいと、自動車会社は自動車をせっせと造る。３万点に及ぶ自動車部品を作る会社も活気を帯びる。ローンが産業を引っ張る（その恩恵に、日本の自動車メーカーもあずかっていたわけだ）。

でも借りたローンは返さなければならないのでは、という当然の疑問を、マネーの専門家たちは「愚問」だと一蹴した。リーマンショックという「宴の後」に取材した私たちに、彼らは「そんな時代が、ほんの数年前まで確かにあった」と語った。

ローン債権は、ウォール街に持ち込まれ、金融工学の高度な数学理論で「高利回りの金融商品」になった。返せないかもしれない人に貸すローンだから、利率は高く設定される。

ということは、返ってきた時のお金の額は多くなる。問題は「貸し倒れのリスク」だ。返せなくなってこげついたら、利回りどころか大損になる。それを彼らは「なんとかした」。

クオンツと呼ばれる金融工学のスペシャリストたちが、ローン債権を組み合わせて作った金融商品から「リスクを分離し、とじこめ」たのだ。不純物がいっぱい入って濁った水を、不純物を底に沈殿させて分離し、上澄みのきれいな水を飲めるようにする（つまり、安全な金融商品として売る、ということ）といった方法、理論を駆使して。

「魔法」ともいうべき錬金術だった。しかし「魔法」は、ある時「化けの皮がはがれた」ように崩壊し、逆回転を始めた。きっかけは、長年の間上がり続けていたアメリカの不動産価格がついにピークを打ち、下落に転じた時だった。上がり続けるという「神話」は、さすがに永遠とはいかなかったというわけだ。

「カンフル剤」も効かなくなってきた

しかしその後、世界中の人は反省してやめたわけではない。「マネーによるマネーの失敗の尻拭い」が始まった。破綻、あるいは破綻寸前の金融機関に巨額の公的資金が投入された。金融当局による異次元ともいえる金融緩和がすぐさま実施され、市場に「ただ同然のマネー」があふれた。金融危機の傷が浅かった中国と、緩和マネーが大量に流入した新興国で景気が拡大し、リーマンショック後の世界経済を牽引した。しかしその「カンフル剤」も効かなくなってきた。

今見ている状況は、そんな局面だということができる。リーマンショックのあと、ヨーロッパを襲ったギリシャ危機は、ＥＣＢ（欧州中央銀行）やＩＭＦ（国際通貨基金）が支援しても、ギリシャで総選挙が繰り返し行われても、出口が見えない。高い経済成長を続けてきた中国経済も、いよいよ息切れしてきた。

ではこの、世界経済が混迷し始めた局面を、どう渡っていけばいいのか。「牛丼用の肉」などに起きる異変の先に何があるのか、探り始めた私たちは、その「答え」ともいうべきものに、出合い頭の勢いでぶちあたってしまったといってよい。

中国を取材する私たちの前に次々と現れた「にわか牛肉バイヤー」や「にわか牛肉加工業者」に、「にわかステーキ店オーナー」。長年の国をあげての努力で「世界の工場」となった中国のお先棒をかついできた人たちが、ヨーロッパに機械や化学製品を売るビジネスが不調になってきたからと、肉や穀物などの「食の世界」にどっと流れ込んでいた。こっちならまだまだ成長できる、と。実際、売り上げは前のビジネスをわずか数年で追い越した。夢のようなビジネスである。

成長しない分野ばかりになり、株も債券も先行き不透明といっている時代に、ブラジルには目を見張らんばかりの成長を遂げるものがあった。

それが大豆畑だ。農地でも開拓するかと未開拓の大草原にやってきた農家が、みるみる「大豆王」に成長した。作れば作っただけ売れる、畑を広げれば広げただけ儲かる、という分野が、まだ世界にはあったのだ。

20世紀の始めあたりからアメリカが始め、世界に広げて極まっていった「強欲《グリード》資本主義」には、大きな特徴がある。行き詰まっても「たたまない」。正確にいえば、「いったんはたたむ」が、すぐ反転して「さらに大きくなる」。そうやって事態を打開し、経済成長を取り戻す。そして無限を目指す。自動車に代表される既存の産業、マネーでマネーを生み出す仕組みが馬脚を現したといっていい現状から、どう反転して大きくなるか。何かないか。アメリカ型資本主義が、長い時間をかけて世界に広げていったもうひとつの「豊かさの象徴」、つまりは牛肉などの「食」が、時代の牽引役になっていったのである。

ZMF5
KCU
CCU
OJU
FOOD
FTSE

第5章

牛肉と穀物の世界を変えるマネー

フロリダ、そしてウォール街へ

出張先のホテルで凝視する大豆のグラフ。その日、伊藤忠商事の大豆輸入部隊を率いる大北昌彦課長は、出張で福岡にいた。

水炊き、もつ鍋、ふぐに、しめの博多ラーメンと、出張者にとってはまさに「美食天国」の福岡出張。しかし、大北課長は食事を早めに切り上げ、その日宿泊するホテルに向かった。部屋に入るとシャワーを浴び、商社マンらしいセットが解かれた髪のままで、部下の西阪徹課長代行と共にスマートフォンやパソコンをつなぎ始めた。ブラジル駐在の前田憲哉さんとも国際電話で話をした。

アメリカ合衆国農務省（ＵＳＤＡ）から大豆の作柄について発表があるのだ。アメリカなどの穀倉地帯で作られる小麦やトウモロコシ、大豆については、収穫前定期的に作柄の予想が出される。今日は、長年世界が注目し、先物市場も反応する「特別な日」だ。

降水量が少なく凶作と予想されれば食料が不足するから、争奪戦が過熱する。逆に雨が予想以上に順調に降り、大豊作となれば価格が下落するから、それはそれとして適切な対応が求められる。ライバルたちはどう出るか。先物市場の値動きなども見ながら分析しなければならない。発表の直後に相場が大きく動いたり、商いが盛んになったりすることも、ままある。出遅れたら大変なことになりかねない。

パソコンで大豆相場のグラフを開ける。

大北課長は、どうもしっくりこないという表情を浮かべた。実はここ数年、この「しっくりこない感じ」が大きくなる一方なのだ。大北課長が、グラフを指さしながら、関西弁で「しっくりこない値動き」について語り出す。指で指し示す折れ線グラフは、少し上がってから急上昇し、その後下降線を描いている。

「トトトト、といき出して、チュドーって上がって、(グラフの線が)ジェットコースター(みたい)になっちゃって」

表現はユーモラスだが、日本の大豆輸入を担う者としては、胃の痛い「トトトト」であり、「チュドー」だ。

「半年くらいでこんな状況になんねんな。ほんまに、考えられへんな」

大豆を買う人と、大豆を売る人だけの動きでは、どうにも説明のつかない乱高下を繰り返している。マネーが暴れているのだ。

にわか投資家が語る「乱高下こそ蜜」

穀物など世界の商品の価格に大きな影響を与えるアメリカ・シカゴ商品先物取引所。

そこが「投機マネー」で歪んでいると指摘されているのは、もう何年も前からのことだ。投機マネーのターゲットとなることで「高騰」が起きることを世界に知らしめたのは、コモディティ（商品）の中でも重要視される「原油」だった。その結果が、「石油」を使う世界中の一般の人々の暮らしに影響することを、私たちは思い知らされた。

1バレル＝50ドルを突破し、日本でも大騒ぎになった2004年、NHKでもスペシャル番組の取材・制作が行われている。その後、同じことが銅や鉄などの「金属」、トウモロコシや大豆、小麦などの「穀物」でも起き、さらには「牛肉」などでも起きているわけだ。

一方、コモディティの先物市場は、株式や債券と違い、そもそも「現物に限りがある」ため市場規模が小さい。世界を駆け巡る巨額のマネーの世界から見れば「小さな市場」だ。だからちょっと本格的に資金をつぎ込むと、すぐ上がったり下がったりする。マネーが本気になって入っていくほどの市場ではない、ともいえるわけだ。

では実際、例えば牛肉が2014年9月に史上最高値を更新したことを、どう見るべきなのか。大豆では、この1、2年高騰のピークは過ぎて「高騰」自体はおさまっているかのように見えるが、「乱高下」は激しいままだ。これはどう説明すべきなのか。

この1、2年の肉や穀物など「食物」の相場で起きている「高騰」や「乱高下」は、それ以前と比べて「次元の異なる」事態だといえるのか。さらにいえば2008年の世界金融危機、リーマンショックで、株式・債券・デリバティブ（金融派生商品）への投資システムが崩壊の様相を呈したわけだが、その後マネーの奔流がコモディティに流れ込んだために異常な状況が生み出されたということなのか。どこまでが「現物の世界」の出来事で、どこからが「マネーの世界」の話なのか。それが、私たちが突き止めたいことだった。

2015年、新たに開設された「コモディティ先物市場」がある。中国・大連の先物取引所だ。早速訪ねてみた。若いスタッフたちが、口々に「尊敬している！」とあげる名前があった。ジム・ロジャーズ氏。まさに彼こそ、海外からの資金投入をさきがけ、中国にマネー資本主義を浸透させた張本人のひとりだ。その「マネーの宣教師」を大連先物取引所の若者たちが、文字通り「崇拝」しているとは。パソコンの待ち受け画面に、少し鼻の穴が上を向くジムの写真を貼りつけている若者までいた。

「にわか投機家」も大連で取材した。昼間はサラリーマン、夜に帰宅するとアパートの自室でパソコンに向かう。外の暗がりから部屋の中に目を移すと、デスクに貼りつくように座っている。先物市場のグラフを、大豆・小麦・トウモロコシと、とっかえひっかえ画面に映し出し、凝視している。グラフの線に商機を見つけ、買ったり売ったりしている。彼にとっては、当然だが現物の小麦も大豆も関係ない。コーヒーもカカオ豆も。

そういえば、２０１４年頃から、カカオ豆が高騰し、チョコレートが日本でも値上げされたことを思い出す。彼は、単に上がり続けるグラフには食指が動かないといった。「できるだけ乱高下してほしい。乱れてほしい。乱れれば乱れるほど、私たちにマネーが流れ込んでくる」

この「にわか投機家」の出現は、「食べ物を投機の対象にする」ブームが中国に上陸したことを示している。そうした投機自体は今に始まったことではない。それが過熱して「食べ物を〝食い物にする〟と儲かる」ことが「投機の世界の常識」になったのもリーマンショックの前からであって、その常識がグローバリズムで世界中に拡大しているにすぎない。私たちは、その奥に「異質な何か」があるのではないかと、感じる。

取材を進めるうち、「確かにそれは異次元な事態だ」と明言する投資家にいきあたった。

ウォール街が世界を変えてしまった

アメリカ有数のリゾート地、フロリダ。ここが、その投資家の本拠地だった。常夏の楽園。ビーチには、お年を召したお金持ちの姿が目立つ。カメラが近づくと、陽気に手を上げ、歓声をあげる。大胆な水着で、日焼けした肌を堂々と見せながら波打ち際を歩く老婦人もいる。

投資家の事務所に向かった。玄関を入り、長い廊下を進む。パソコンを置いたデスクの前に幾つものモニターが設置された広い部屋が現れる。

高齢の男性がモニター画面を見つめている。スタンレー・ハー氏。コモディティ専門のプロの投資家として40年ものキャリアを持つ。敬虔なユダヤ教徒で、ユダヤ教の祝祭の日は仕事を休み、祈りをささげる。実は私たちとの付き合いは長い。２００７年11月に放映されたＮＨＫスペシャル「ファンドマネーが食を操る～穀物高騰の裏で～」の取材・撮影を受け入れてくれた投資家である。

私たちが食を巡る摩訶不思議な取材に首をつっこむことになったきっかけ。それはその2年ほど前から日本で頻発していた「金属盗難事件」だった。

巻いて置かれていた電線が数トン丸ごと盗まれた、人里離れたところにあるお寺の屋根の銅板が一夜にして何者かにひっぱがされた、といった奇怪な事件がなぜ起きるのかを、取引業者に取材した。結果は「市場での金属価格の高騰」。持っていけば高く売れ、儲かるという話だった。答えてくれた業者も、今思えば中国人だった。

それからしばらくして、同じコモディティでも、石油や金属だけでなく「穀物」も高騰しているという情報をつかんだ。

今回、取材の指揮をとるプロデューサーのひとりがディレクターの役割を担ってアメリカの穀倉地帯に渡った。トウモロコシの畑の中に大きな工場が林立していた。トウモロコシを発酵させ、アルコールを作って車などの燃料として売るバイオエタノールの工場だった。時は、ブッシュ大統領によるイラク戦争の真っただ中。

では原油調達が、アメリカで極端に難しくなっていたのか。実は、こんな心理が拡大増幅していたのだ。

原油高騰で痛い目にあったという記憶が鮮明な人たちの間で、危機感や不安が広がっているなら投資したら儲かりそうだ。バイオエタノールが流行っているらしいから参加しよう、儲けよう。トウモロコシをエタノール工場で大量消費すれば、食べる分にまわる量がタイトになって値が上がるのではないか。エタノールでも食料・飼料でもどちらでも儲かるから、投資家にとっては願ったりかなったりだと。

どこかできいた話だ。

相場に「寄生する」存在

ハー氏に投資の現場を初めて見せてもらった。仕事場は、実に静かだった。パソコンの前に座り、売り買いをするワンクリックで、時に数億円程度稼ぐこともある。パソコン画面では相場のグラフや数字はもちろん、穀物の作柄予想に欠かせない詳細な気象情報、世界地図とハリケーンの雲の動きなどもみる。政治情勢も加味する。原油産油国のイランで何か軍事的な動きがあったようだという噂話までもいち早く情報収集し、それを織り込んでライバルたちより一歩早く相場を読み、買いなどの動きに出る。そして後から追って来るものの動きをつかんで売り抜け、利ざやを抜く。

仕事のスタイルは今も変わらない。見ようによっては、実際の現物取引に関係なく相場に「寄生する」存在だ。だが、ハー氏は、

「自分たちのようなプロの投資家こそ、先物市場になくてはならない」と胸を張る。

「現物取引をする人のやりとりだけでは、リスクを引き受け、ヘッジする市場の機能は成り立たないのだ」

と。先物市場にいったい何が起きているのか。

今回の取材で、最初にフロリダの仕事場を訪問した時、ハー氏は、「ミスター・コモディティ投資」ともいうべき40年にわたる半生を振り返りながら、今の状況を解説した。

「食に関する需要を長期的に見れば、世界で年間２パーセントずつ伸びている。１９７０

年代、80年代に比べれば、大したことはない。鶏肉1ポンドを生産するのに必要な穀物は2ポンドで、豚肉なら4ポンド、牛肉なら5～6ポンドだから、牛肉の消費が増えれば、必要な大豆粕とトウモロコシはもっと増えるのだがね」

穀物市場は〝小さなクラブ〟のようなもの

ハー氏がこの世界に入ったのは1977年。スタンフォード大学のビジネススクールを出て、穀物会社に就職したのがきっかけだった。東西冷戦終結以前、アメリカの穀物を大量に購入していたのは、実は旧ソ連と東欧諸国だった。冷戦の終わりと共にその市場が消えて行った。

代わりに登場したのが中国だった。この時始まった中国の経済成長が、穀物生産者や企業を窮地から救った。ハー氏は、イスラエルの食品輸出業者や証券会社、つまり株取引や投資をする会社でも働き、そこでは年金基金を扱うブラジルの銀行の合併設立にも関わった。そういった経験を積んだあと、優秀さを認められ、先物市場、中でも農業商品先物市場の投資家業に従事することになり、2004年投資に特化した自分の会社を設立した。

今の市場が異常だと思う点をハー氏に尋ねると、

「〝有限〟であることが軽視されていることだ」

という答えが返ってきた。さらにこう言った。

「先物市場参加者が締結した先物契約には、商品の有効期限がある」

それはそうだ。例えば大豆なら、種をまいて成長している間は、どれだけの収穫量になってどれくらいの価格がつくか、予想して先物取引ができる。しかし収穫してしまえば、収穫量は確定する。売って、大豆を豆腐屋が豆腐にして、それを買った人が食べてしまえば、大豆はなくなる。終わりがあるのだから、「有限」だ。

「特に私がもっとも熟知している穀物市場、砂糖、コーヒー、カカオなどにも同じことがいえるのだが、いうなればそれらは〝小さなクラブ〟のようなものである。消費者と生産者、それにしかるべき教育を受けて市場を熟知した少数の投資家だけのクラブ。それぞれが需要と供給の推移を自分でフォローして、市場の落とし穴についても、よくわきまえている。そういう作法が身についた人たちのつける『先物相場』は、実需の世界へのシグナルになる」

とハー氏は警告しながらも、

「『高い』ということは『足りない』ということ。だから生産者はたくさん収穫しようとするし、新たに農地を開拓する動機にもなる。逆に『安い』ということは『余っている』ということ。急に無理して農地を開発することはない、と考えるべきだ。そういう『市場の正常な機能』が失われてきた」

と話し、こう分析を加えた。

「アマチュアの人たち、自分たちが何をしているのかまったく分からない人たち、さらに市場がどのように動いているかについて間違った伝え方をし、そんなことを続けるとどんなことになるかについても誤って伝えてしまう世界中の人たちに対して、市場は開かれてしまった」

インデックスファンドは、許されない金融商品だ

ビジネスが成長し続ければ、市場が拡大し続ければ上がる一方の〝株のような世界〟、一方向にしか動かない「上限のない世界」に突入しているというのだ。ハー氏の解説は続く。

「ETF（Exchange Traded Fund）。日経平均とか、ダウ先物とか、幾つもの企業の株価をひとまとめにして指標化し、金融商品として売る投資信託。それが食の先物にも入ってきた。もともとは年金基金など、リスクを取らずに安定して利回りを得たい機関投資家の求めに応じて開発されたものだ。

ひとつのバスケットに、小麦も大豆もカカオも、原油も入れて、いっぺんに指標化、つ

まりグラフだけ気にする金融商品にするため、個々の商品の上がり下がりは相殺され、上がる方向に流れていく傾向となる。金融商品を買った投資家たちは、みんな適当な角度で上昇してほしいと願うし、売った側もそうなってほしい、そうなるようにしたいと考える。そうなれば、上限はなくなり、実需へのシグナルもなくなる」

今彼は、世界が危機的状況に直面していて、このまま放置するとやがてすさまじいインフレーションに襲われるという強い懸念を抱いている。

「アメリカ、ＥＵ、そして日本が続ける異次元ともいうべき金融緩和によって市場にあふれかえるマネーがどんどんコモディティ先物市場に流れ込めば、すさまじいインフレが確実に起きると自分は思う」

とハー氏は警告する。自身が若い時、ブラジルで実際に経験した「極限的インフレの恐怖」を語ってくれた。

「レストランに入り、ステーキを注文した時の値段と焼かれて出てきた時の値段が、まったく違っていた」

しかしこのＥＴＦという金融商品の登場は当然リーマンショックの前で、しかもあまりに一般的な金融商品である。これだけでは、リーマンショック後に起きた「目を疑う異常事態」を説明することは難しい。

最初のインタビューでは現在の金融の仕組みについて熱弁をふるっていたが、なかなか私たちが知りたい核心に触れようとせず、相場の過熱や変質の解説にとどまったハー氏。しかし、数カ月後に再度訪問し、

「それがなぜ起きたのか」

と何度も執拗に質問する私たちをみて、ハー氏は意を決したかのように話し出した。今まで見せたことのない苦々しい表情で。

「インデックスファンドは、許されない金融商品だ。この金融商品は、先物市場にいくらでも投資できる。これは、間違っていると思う」

インデックスはいつも上がり続ける

いつも沈着冷静なハー氏が、なぜ「許されない」とか「間違っている」という言葉を使って非難するのか。さらに私たちはさらに詳しく聞いた。これに対して、

「先物市場のルールを破っている」

と、ハー氏は語気を強めて答えた。

もともとコモディティの先物市場は、参加できるのはプロの投資家だけ。しかもつぎ込める資金に上限が定められて、穀物や原油など現物の価格が際限なく上がってしまわない

ような仕組みである。

ところがインデックスファンドには、こうした「縛り」がない。大豆などの相場の値動き、つまり価格変動だけを取り出し、証券会社で価格変動を組み合わせた金融商品を作り、投資の資金を呼び込む。年金基金などの機関投資家、あるいは個人の投資家が、株式や債券に投資するのと同じようにインデックスファンドに資金を投じる。その結果、先物市場にどんどん資金が入り込み、市場は過熱。どんどん膨らんで、相場は高騰する。

私たちは、投資を募るためのインデックスファンドの説明書、「目論見書」を幾つかみてみた。

原油と穀物、さらには金などのグラフを組み合わせて作った金融商品。まったく異なる商品を組み合わせることによって、例えば天候不順で穀物の相場が崩れるといったことによる「大幅な下落」の影響を、他の商品のグラフで和らげ、「指標全体としての上昇」を持続させる効果がある、という説明をされた。

インデックスはいつも上がり続ける傾向がある。さらに、今やもともと株と債券とは異なる動きをしてきたコモディティの相場が、連動する傾向が強まってきている。債券と商品も、上がり出したらみんな上がるようになり、下がり出したらどれもこれも下がるようになった。株と債券があてにならないからマネーが商品に流れ込んだのに、流し込む「都合のいい仕組み」を作ったら、同じようなものになってしまったということらしい。

「食」ばかりを集めたインデックスファンドの目論見書もあった。

最初のページに、「大豆（Soybeans）」「小麦（Wheat）」「生きた牛（Live Cattle）」「飼育牛（Feed Cattle）」などの言葉が見える。紙の書類にすると数センチもの分厚さ。その厚みが、金融商品が信頼性の高いものであることを訴える。最初のページには、大きな数字も「誇示」されている。「153,772,875」という数字。1億5377万口もの投資を呼びかけているのだ。


ハー氏が「アマチュア」と呼ぶ投資家たちは、どんな期待を込めて資金をつぎ込むのだろうか。この金融商品に投資するのが年金基金だったら、増やしてほしいと期待するだろう。値上がりしてほしいと思うだろう。この金融商品に資金をつぎ込むことは、金融商品を構成する大豆や小麦や牛の相場を押し上げる、つまり値上がりさせることを意味する。

先物市場の牛肉の相場が史上最高値をつけた「異次元な事態」の奥の奥にある「カラクリ」を、突然ドーンと見せられた気がした。

コモディティ・インデックスファンドは、世界の金融の中心、ニューヨークのウォール街で開発された。ウォール街は、世界に先駆けて、とてつもない資金を吸収し利回りを上げる新手の金融商品を次々と開発する「錬金術の場」である。

リーマンショックという世界金融危機を引き起こした「犯人」とされる、低所得者向け住宅ローン、サブプライムローン。貸し倒れになる高いリスクを封じ込め、あるいは保険的な機能を補完して、資金を増やしたい世界の投資家たちの資金をいくらでもつぎ込めるようにしたCDOやCDSといった摩訶不思議な金融商品デリバティブ。それらの開発を次々と進めたのが、ウォール街だ。

コモディティ・インデックスファンドが開発されたのは、リーマンショックより前だが、もてはやされるようになったのはリーマンショックのあとだという。金融危機の痛手から立ち直るため、アメリカ、ＥＵ、そして日本が行った異次元と称される金融緩和で市場にあふれた、いわゆる「緩和マネー」が、流れ込んでいったといわれている。

「打ち出の小槌」のように資金を増やす

我々取材班は、実際にインデックスファンドを作り、資金を集める投資会社のひとつ、インベスコを取材した。案内されたのは、マネーの取材で何度も目にしたおなじみのディーリングルーム。「またここにやってきたな」との思いが脳裏をよぎる。

様々なグラフが表示される最新のモニターとキーボードと、電話機。鋭い眼光の金融マンたちが受話器を肩と首の間にはさみ、キーボードをたたきながら、話し続けている。

案内してくれたベテランの男性は、モニターを指差しながらこう解説してくれた。

「他の様々な金融商品と組み合わせることもでき、幅広い分野に投資できる、素晴らしい金融商品です」

こうした投資会社や証券会社を通じてインデックスファンドに投資家が資金を投じ、アメリカの先物市場に流れ込んだマネーの総額は、２０１５年1月現在で17兆円にのぼる。そこには、私たちのお金も何らかの形で入っている可能性がある。最近は確定拠出型年金（４０１ｋ）なども一般的になっているため、どこに投資するかは自分自身の判断、自己責任ということになっている。しかし、投資先に関する説明の紙を見ても、ほとんどの人には「わからない」。様々な形で分散され、組み合わされ、あるいはそれを繰り返し、できるだけ資金が減るリスクが直《じか》にこないよう、利回りが安定的に得られるよう、いわば「無限の細工」が施されている。だから、素人にはわからない。そういう形で素人のお金、合算すれば恐るべき巨額の資金が、流れ込んでいるのだ。

自分も年金のお金を増やしたいひとりの人間だから、「打ち出の小槌」のように資金を増やしてくれるこの金融商品は、ありがたい存在に違いない。素直にそう思う。しかし次の瞬間、本当に大丈夫か、と多くの人は思うはずだ。自分たちのつぎ込んだお金が、穀物や肉の市場に流れ込み、その価格を押し上げる役割を果たすのだから……。

実際、大変なことを引き起こしていると声を上げている団体がある。全米のパン生産者で作る業界団体だ。首都ワシントンの事務所を訪ねると、ブロンドの髪をきれいに整えた代表、ロブ・マッキー氏が丁重に出迎えてくれた。部屋には、「小麦」が花瓶の中に入れられて飾られていた。マッキー氏は、語った。

「インデックスファンドが先物市場に入ってくることで、我々の計算によると、小麦の市場価格が37パーセント上がっています。インデックスファンド、そこで荒稼ぎする投機の動きを一刻も早く規制してもらいたい」

こうした批判に対して、ウォール街などの金融機関で作る業界団体は、規制をするとかえって市場が混乱すると反論している。結論はまだ出ていない。

小麦の市場価格が37パーセントも上昇

穀物などの先物市場を専門に見てきたハー氏は、業界内のいろいろな仕組みを教えてくれた。報告義務を負う大口トレーダーのポジション、つまり「何をどれくらい買って持っているか」に関する数字。長期（ロング）で持っているのか、短期（ショート）で持っているのか。数週間に一度は報告しなければならないので、プロの投資家なら把握することができる。インデックスファンドのパーセンテージも見せてくれた。いわゆる投資家の占める割合より高いことを、数字で示していく。

「トウモロコシでは17パーセント。大豆は9パーセント。小麦はもっとです。確かに小麦は、問題ありですね」

インデックスファンドの数字については、実に細かいところまでつかんでいる。

「大豆油では15パーセント。大豆油粕はここ2カ月、一番乱高下が激しくて、9パーセントがインデックスファンド、投機は12パーセント。両方足すと21パーセントです」

「そうした『今までこの市場にいなかった存在』が市場を破壊する、もっといえば爆発させるリスクがある」

と改めて先物市場の「本来の役割」についてハー氏は警告した。ハー氏が、実例をあげる。

「2年ほど前、インドでひどい『玉ねぎ不足』が起きた。なぜそんなことが起きたのか。アメリカには『玉ねぎの先物市場』がない。そのことが問題を放置し、拡大を許したのではないか。シグナルを発する市場が存在しないということは、現物の世界に不利益をもたらすのです」

ハー氏が、最近市場を荒らす「もっとも忌まわしい存在」として指摘したものがある。コンピューターによる自動的な超高速取引だ。相場のグラフが上がったり下がったりし始めると、コンピューターが自動的に反応し、数分の一秒で売りと買いを繰り返し、「小さな利ざや×無限回＝大きな利益」を目指す取引だ。大手金融機関が市場の外に、高速取引専用（たとえていえば、ひとつの取引が10億分の1秒の速さ）の巨大設備を次々造っていて「フラッシュ・ボーイズ」とも呼ばれている。

ハー氏は「無意味な熱狂」によって、こんな事態に陥っていると言った。

「アメリカ農務省の主要な報告書の発表の前後に、1ブッシェル＝20セントの無意味な値上がり、あるいは値下がりが起きています。数値発表の5分後、もっといえば2分後には、アメリカの国債でも、短期金利先物でも、農務省が報告書を発表した今日の大豆のチャートのパターンと同じようになるのです」

「損をする人」は多くの場合、庶民

目の前のモニターに、大豆のチャートが映し出されている。伊藤忠商事の大北課長が出張先の福岡のホテルで見ていた「どうもしっくりこないグラフ」である。

ハー氏は、吐き捨てるように言った。

「通常なら10分、あるいは30分、遅くとも1日の終わりには、そのインパクトはまったくなくなってしまう」

コンピューターに任せておけば、一瞬で利益が得られる便利な仕組み。そうした自動の売買が殺到することで相場も動いている。価格が上がれば、インデックスファンドに資金をつぎ込む投資家は喜ぶに違いない。しかしそうやって「誰かが得をした分」は、「誰かが損をする」ことで埋め合わされる。食料は株と違って、上がり続けてみんなハッピーとはいかない。現物の世界での帳尻合わせが必ず必要になる。問題は食料では、「損をする人」は多くの場合実際にそれを買う人、つまり庶民だということだ。

庶民の暮らしに影響は出ていないのか。私たちはニューヨーク・ダウンタウンのスーパーを取材した。肉売り場には、きれいに切られパックに入った牛肉がたくさん並んでいた。「いくら買っていただいても足りなくなりませんよ」という感じで並んでいる。

しかし、何人もの人が牛肉のパックを一度は手に取って眺め、また棚に戻している。なぜなのか、聞いてみた。答えは、最近値上がりして以前のように食べられなくなったからというものだった。このスーパーでは、牛肉の価格が1年で2割上がった。

「昔は毎日食べていたのに、牛肉を食べる機会が少なくなりました。スーパーで買っても、すごく高いんです」

と子ども連れの母親が寂しそうに言う。

「牛肉はおいしいんですが、高すぎて手が届きません。お金が足りません」

と語ったのは、年金生活者と思われる高齢の女性。この高齢の女性は結局牛肉をあきらめ、鶏肉の棚に移動した。鶏肉のパックをとっかえひっかえ眺めたあと、ひとつのパックをスーパーのかごに入れた。

これが庶民にふりかかる現実だ。この現実が日本に上陸しない可能性があるだろうか。

Quick Links

第6章

グローバル資本主義の天国と地獄

「〝蜘蛛の糸〟の世界」となった現代

2014年12月、クリスマスを迎えるニューヨーク。街はクリスマスの豪華な飾りで華やいでいた。ロックフェラーセンターでは、今年も大きなクリスマスツリーにあかりがともされた。高級ステーキハウスのテーブルは、毎晩のように客で埋め尽くされている。多くの客が一皿1万円以上するステーキを注文している。あるTボーンステーキ、ある人はリブロース。会話を楽しみながら、肉をナイフで切り、フォークで突き刺し、そして頬張る。肉汁が口いっぱいに広がる。じっくり熟成させた肉を、舌の肥えたニューヨーカーは好む。

2008年のリーマンショックで奈落の底に落ちたアメリカ経済は、見事な復活を遂げていた。金融危機の直後にFRB（連邦準備制度理事会）は異次元ともいえる金融緩和に迷わず踏み切った。景気が上向くまで執拗に、市場にマネーをあふれさせ続けた。

その結果、世界に先駆けてアメリカ経済は息を吹き返した。リーマンショック後には業績悪化で国の資金注入を受け投資銀行の旗を降ろした「ウォール街のマネーの巨人」ゴールドマン・サックスが2009年第2四半期決算で、早くも史上最高益をたたき出すなど、多くの銀行、金融機関が好調な業績を記録している。ブルームバーグなど金融情報専門チャンネルのニュースは連日、抑揚の激しいかん高い声で経済の好調ぶりを伝えている。ウォール街では早くも、大規模な金融緩和に終止符が打たれたあと、どの時点でFRBが金利引き上げに踏み切るかに注目が集まっていた。様々な予想が飛び交う。うまくタイミングをとらえられれば、また儲けられる。あるいはマイナスを最小限に抑え込むことができる。金融マンたちは「アドレナリンがガンガン出ている」という顔つきで電話の受話器を握り、目はモニターに映し出されるグラフの目まぐるしい変化を追っている。

そうした賑わいからほんの一区画先の暗い路上で、私たち取材班は食料配給車の前にできた長い人の列を取材していた。自力で食料が買えず、キリスト教の教会などの施しに頼る人が急増しているという情報が入り、実際どんなことになっているのか見てみることにしたのだ。

ホームレスの人が多かった。寒い夜を過ごすアパートはかろうじてあるが、食べるものはない、という人もいた。最近まで「中流階級の暮らし」をしていたという人が増えていると、食事を配っている人は説明した。フードスタンプと呼ばれる、食事の公的な支援を受ける人の数は、ここ数年で急増し、2014年9月現在で4650万人にも達している。

それを補う形で、こうした教会の食事が配られている。
マンハッタンの街中にある教会にもいってみた。人々を教会の中に迎え入れ、席につい
て食事をとれるようにしていた。むっとする臭いが鼻をつく。建物の中は、シャワーを満
足に浴びることができないホームレスの人々の体臭で満たされていた。ここにも長い行列
ができている。プレートを両手で持ち、うつむき気味の姿勢で静かに順番を待っている。
大きなため息をつく人もいる。精神錯乱を起こす人もいる。
これがステーキ店で多くの人が1万円はするステーキに舌鼓を打つのと同じニューヨー
クの、クリスマスを間近にした光景なのか。

元辣腕カーディーラーのホームレス

ひとりひとりに事情を聞いていった。中流、またはそれ以上だった人が何人もいた。
西部のワシントン州の田舎の出身で地元の大学を卒業後、弁護士事務所に勤めて人権派
弁護士として働いていたという男性がいた。
「大学を出て思った通りの道を歩んでいたはずが、度重なる不況で会社が弁護士を抱えら
れず解雇された。父親が現役だった頃の１９６０～70年代といえば、がんばって働けば
しっかり給料ももらえ、家を建てられた。年金も積み増しされ、老後の憂いなどなかった。

分厚い中間層が支える形で、アメリカの力強い経済は形作られていたのではなかったか」

ブラジル出身の映画監督がいた。アメリカの食の問題を暴くために渡米し、ニューヨークで活動していたが、貯金も尽きてしまった。数カ月前からシェルター（避難所）を転々として、食事はほとんどここの世話になっているという。

２００８年のリーマンショックを境に、文字通り天国から地獄に転落したという男性が取材に応じた。レイ・オスターマンさん。直近まで自動車販売店、カーディーラーで財務担当だった。かつてはニューヨークのディーラーを次々と渡り歩き、どんどん新車を売りさばいていたこともあったが、金融危機のあおりをもろに受け、業績悪化で解雇された。

親はドイツからの移民で、馬車馬のように働き、自分を大学に入れてくれた。大学ではビジネスを専攻し、就職も順調だったのに、なぜ今転落したままなのか。体調を崩し、仕事をすることもできず、毎日ここでパンをかじり、スープをすすっている。席につくと、いつものメンバーと短い会話を交わすが、長々と話し込むことはない。自分の皿が空になると席を立ち、「仲間」に会釈して立ち去る。触れてほしくない過去をかかえた者どうしの、ある種のエチケットと見えた。

私たちは思い出す。リーマンショック直後の２００８年冬、ＮＨＫスペシャル「アメリカ発　世界自動車危機」の取材のため、今回の制作メンバーのひとりが、アメリカ各地を駆け回った。

「自動車王国アメリカの首都」とも呼ばれた街、デトロイトを徹底的に取材した。自動車を造ってきた人や会社、自動車ローンビジネスに舵を切った責任者など、当事者たちに取材を申し込み、インタビューしていった。

リーマンショックの大波は「自動車産業という実体経済」を、呑み込んでいった。ある自動車部品メーカーでは、昼の会議で、従業員の「首切りの順番」を決める投票を、幹部が行っていた。従業員はそこでそんなことが行われていることなど知る由もない。突然解雇を告げられる。アメリカの労使関係が日本に比べてドライなのは承知していたが、なんと情け容赦のない形で同じ現場で働く人を奈落の底へ突き落すのかと、胸が詰まった。

車を造り、車が必要な人、買いたい人に売る産業に対して、リーマン・ブラザーズという「いち証券会社の破綻」が引き金を引いて始まった「世界のマネーの収縮」が、なぜ直結する形で襲いかかるのか。徹底的な取材から見えてきたのは、驚くべき「虚構の構造」だった。

自動車がどんどん売れたのは、本来は貸してはいけないサブプライムローンをてこに不動産がバンバン売れたのと、実は同じ「からくり」だったのである。当事者への取材で、見事なまでに相似形の「砂上の楼閣型ビジネスモデル」が示された。

デトロイト郊外のカーディーラーが取材に応じた。ウォール街の金融工学者が編み出した「ローンの焦げつかない数学理論」を過信し、「あぶない自動車ローン」をどんどん貸しつけていたと告白した。

ローンを申し込む時に必要事項を書いてもらう書類を見せてくれた。名前、住所くらいしか書かなくてよい。「収入」の欄はない。車を買える収入かどうかは問わないのだ。ローンを組ませ、そのローン債権をウォール街に持っていけば、高利回りの金融商品を作るのに持ってこいの「原料」だと、歓迎されるからだ。支払いができないくらいの方が高いローン金利が設定できて好都合、という本末転倒な事態が加速度的に進んでいたのだ。「収入は尋ねなかった。道で空き缶を拾っているような人でも、自動車ローンを組ませた」と、そのカーディーラーはインタビューで語った。

リーマンショックで始まった「マネーの逆回転」で、そうした自動車ローンはひとたまりもなくこげついたと思われる。彼はその後、どうなったのだろうか。

マネー資本主義の総本山ニューヨークで

目の前で今、ニューヨークの凍るような冬の夜、温かい教会の中に迎え入れられ、食事の施しを受けるオスターマンさん。あのカーディーラーの「末路」を見ているといってよい。稼ぎや羽振りのいい暮らしが一瞬にして消えた。その後彼は、体を壊した。日本のような健康保険の制度が整わないアメリカでは、それがさらなる転落の引き金をひく。マネー資本主義の強欲の渦に身を任せた者には、当然の報いなのだろうか。

出版のエージェントをしていたという男性もいた。彼もまた体調を崩したことをきっかけに、満足に働けなくなり、教会での夕食の常連になった。手元に1ドルしかなくなり、それが50セントになり、25セントになったと語った。哲学書を愛読しているという。

皿の上には、野菜などと共に、肉料理もあった。この日は数個のミートボール。ふたりは、これが旨いといいながら食べていた。そしてそのミートボールなどを食べ終わると、ニューヨークの夜の闇に消えていった。景気が回復したアメリカ経済、今や世界でも独り勝ちとのニュースがひっきりなしに流れる街の闇の中に。

隣の人を蹴落としてでも這い上がろうとする人たちが群がる資本主義という「蜘蛛の糸」。みんながなりふり構わず上を目指す。その細い糸を登りきり、豊かな暮らしをようやくつかんだ次の瞬間、あまりにあっけなく転落した人たち。マネー資本主義の総本山ニューヨーク。街の片隅に、落伍者の群れがあふれていた。このことを私たちはどう受け止めればいいのだろうか。

アメリカで私たち取材班は、牛肉を巡る「耳を疑う事態」が数年にわたって繰り広げられてきたという話を聞いた。

国際市場に膨大な量の牛肉が放出されたにもかかわらず、それが全部売れてしまった。大量放出の理由。それは「干ばつ」だった。大規模で深刻な干ばつが２０１２年、アメリカの放牧地域を襲った。

牛は、飼育するのに手間のかかる家畜である。肉になるまで、鶏や豚より長い時間がかかる。食べる穀物の総量も多くなる。多くの場合、一定期間は牧草の生えた放牧場で飼わなければならない。その牧草地が干ばつで壊滅的状況に陥った。

やむをえず、大量の牛が肉にされた。そうせざるをえなかったのだ。市場に牛肉があふれかえる事態になると思われたが、そうならなかった。全部売れて、世界の人々の胃袋におさまってしまったのだ。

どんなにあっても食い尽くされる牛肉

次の年、もうひとつの大牛肉輸出国オーストラリアで同じことが起きた。広大な放牧地が干ばつに襲われ、牛が飼えなくなり、牛肉にされたのだ。市場に放出された牛肉は、今度はさらにすごい勢いで買われた。前の年に牛を屠殺しすぎたために、牛肉生産量が一気に落ち込んだアメリカが、オーストラリアの肉を輸入したからだ。中国はじめ、他の国も大量の牛肉を輸入した。またもや、市場から牛肉はきれいさっぱり消えた。牛肉争奪戦の過熱は、とどまることを知らない。

取材に応じたアメリカの牛肉加工業者はこう言った。

「牛肉の価格は去年に比べ、すでに20パーセント高くなっている。輸出市場がどんどん開拓されていっている。韓国ではショートリブという部位が大人気で価格が40パーセントも上昇した。高品質な部位は、香港、日本に輸出されているし、中国本土にも流れ込んでいる。彼らは高いお金を払ってでも手に入れたいと考えているため、それがアメリカ市場の価格をつり上げている。

値上がりしているのは、高級な肉だけではない。すべての部位に及んでいる。ハンガーステーキと呼ばれる安い部位は、一頭の牛から1・5ポンド（約680グラム）だけ取れる部位だが、5年前なら2ドル50セントだった。それが今では4ドル50セントもする。牛は鶏や豚と違って、育つのに時間がかかる」

異様な光景が脳裏をかすめていく。アメリカ、そしてオーストラリアに群がり、膨大な肉を一瞬にして食い尽くす「イナゴの大群（イナゴは本来は草食だが）」。そんな時代が加速している。イナゴは世界中のどんなところにも飛んでいき、ありったけの肉を食い尽くす。牛肉争奪戦は、どこまでいくのか。

中間層の暮らしから貧困のどん底に転落する人が急増する世界。食べられる者だけが食べきれないほど食べ、食べられない人はまったくありつけない。価格は容赦なく上がる。その戦いは世界中、そして日本を巻き込んでいく。牛丼が食べられなくなる日は、本当に訪れるかもしれない。

マンハッタンの超高層ビルへ

２０１５年1月の朝、私たちはマンハッタンの超高層ビルに向かっていた。ようやく実現することになった「マネーの大物」のインタビューをするためだった。

大物とは、ヘンリー・クラビス氏。世界でも指折りのプライベートエクイティー、ＫＫＲの共同創業者だ。ＫＫＲとはKohlberg, Kravis, Roberts&C0.の略。つまり、３人の共同創業者であるジェローム・コールバーグ・ジュニア氏、ヘンリー・クラビス氏とジョージ・ロバーツ氏との名前を連ねた巨大ファンドなのである。

創業者のひとり、ヘンリー・クラビス氏へのインタビューの申し入れは、数カ月前から行っていた。

牛肉をはじめとする世界の「食の限界」について、どう見ているか。グローバル化と共に「もっと食べたい人」、「もっといいものを食べたい人」が増える中で、今後人類はその欲望を満たす生産の増加を果たせるのか。10兆円以上の運用資産を操って行う投資でその難題に答えを示し、その成果として20兆円を超える売り上げを関連企業で上げ、年率20パーセントを超える利回りを創業以来39年、投資家にリターンし続ける「巨人」に直接聞いてみたいと考えたのだ。

いったんＯＫが出たかに見えたが、再び振り出しに戻った。２０１４年12月に「重大発表」があり、そのあとでないと受けられないという返答だった。私たちは、そのあとでまったく構わない、待つのでインタビューに応じてほしいと伝えた。

２０１４年12月半ば、実際にその「重大発表」はあった。オーストラリアで、これまでにないスケールで「乾燥地帯に水を供給して行う農業」を始めるというものだった。

その直後、翌年の1月に朝一番の時間で1時間インタビューに応じるとの連絡が入った。

ＫＫＲの投資の哲学

建物の入り口に設けられたゲートの前で、中に入るスタッフは全員顔写真を撮られ、その写真をつけたネームカードをつけて、ゲートを通った。静寂の中、上がっていくエレベーター。降りると重厚な木の扉。扉の向こうには、マンハッタンが一望できる一面ガラス張りのフロア。

インタビューの部屋に向かう長い廊下の壁には、斬新なモダンアートの絵画がずらりと並ぶ。クラビス氏の妻は、ＭｏＭＡ（ニューヨーク近代美術館）の理事長である。なんという洗練された空間。この廊下を歩いて部屋に招き入れられる世界中の投資家たちが頬を紅潮させるさまを想像する。これから始まる投資案件についての話し合い、その期待に胸躍らせることだろう。

案内された部屋は会議室だった。大きな木のテーブルと10脚ほどの革張りのいす。インタビューはここで、と告げられる。クラビス氏自身の部屋では難しいかと食い下がってみたが、それはクラビス氏に直接交渉してもらわないと言われ、いったん引き下がって氏の到着を待った。そもそもこの部屋にいること自体、めったにないことだと聞かされる。ウォール街の名だたる金融トップが定期的に集まってはミーティングを開いていて、この会議室はその部屋のひとつということだった。

約束の時間きっかりに、クラビス氏が現れた。丁寧な仕草で握手をし、名刺を交換する。小柄な紳士。しかし笑顔の奥の眼光は、想像以上に鋭い。

インタビューが始まった。クラビス氏は、まずＫＫＲの基本的な投資の哲学について、話し始めた。長期スパンで世界が必要とする大規模なプロジェクトに巨額の資金をつぎ込む。誰も成し遂げられないような成果を上げ、成功報酬としての高い利回りを、資金を託した投資家に還元するというのだ。

「きょう投資して3週間後には売却するようなヘッジファンドとは違うのだ」

と、クラビス氏は語った。短期スパンのマネーゲームとは一線を画し、「四半期ごとの収益」にはとらわれないのだという考えを強調し、話を続けた。

「この投資哲学しかないと、いち早く気づいて実行に移し、その正しさを自ら証明してきた」

しかしながら、私たちには、その「正しさ」はきれいごとに思われた。

「やるべきこと、地球にとって一番大切なことをすれば、いいのだ」

と言い切るクラビス氏に、

「そんなボランティアのようなことで儲かるのか」

と詰め寄った。彼はまったく動じなかった。

「現実を変える」という結果を出す

インタビューの時間が終わるまで、私たちはその「正しさ」に食い下がり続けた。クラビス氏は、こう言い放った。

「やるべきことをする、そのためにお金をつぎ込むのは政治家の仕事ではないでしょうか。今日、残念なことに世界の多くの政治家は『投票箱』に動かされています。私たち（ビジネス界の者）は投票箱、つまり人気に動かされるものではありません。私たちは誰かが投票してくれるかどうかでは動かない。正しいことをやるだけなのです」

さらにこう続けた。

「皆さんは、（綺麗な）ビジョンについて語りたがりますが、現実にはビジョンをどのようにして政策に反映させ、実現するのかが大切なのです。ビジョンは語るだけではなく、実行に移さなければ意味がありません。私が求めるのは「現実を変える」という結果を出すことです。よろしいですか、そこに大きな違いがあるのです。多くの政治家にとっての結果とは、再選されるかどうかです。私とは違います」

もはや政治は正しいことをするための主体たりえない、それをするのは結局マネーしかないというクラビス氏の強い自負に、圧倒される。

「しかしそんなきれいごとで、投資家はついてくるのか。あなたの配下で働く人たちはついてくるのか」

と、私たちは執拗に迫った。クラビス氏はこともなげにこのように返してきた。

「それが地球のためになるのか？と聞いてくるのは、投資家の方だ。むしろ、そのことだけを聞いてくるのが、（近年の投資家の）特徴だ。現場で働く人たちも、それが世界のため、地球のためになると思えるから頑張れる。最高の技術をつぎ込み、最高のスタッフに資金を出して投資すれば、結果は出る。簡単なことではないが、自分たちにはそれらをなすことが可能だという自信がある」

正しいことをすれば、儲かるのだ

クラビス氏は、世界各地の22カ所に拠点を置き、関連企業の１００万人以上の従業員を動員して行う事業の幾つかについて具体的に語った。

「オーストラリアでは、高級家具、化粧品や香水の原料にもなる希少な木材、白檀を生産するための林業が30年以上にわたり続いてきた。木材の供給量は限られるので、必要な量だけ伐採して、切った量を毎年再生させている。持続可能な伐採、持続可能な林業、農業を考えなければならない」

「中国では水の供給を専門に行う企業を経営している。投資を始めた頃は13カ所だったプラントを現在20カ所に増やした。飲料水の品質改善は中国、インド、アフリカで喫緊の課題だ。考えてみてほしい。中国とインドは両国で25億もの人口を抱える。その環境を見るべきだ。どこに資金を投入すべきか。大気の質、水の質を向上させる企業に投資するのが、一番良い投資先ということになる」

「食の安全が世界中で問題になっているため、かなりの金額を牛乳業界、鶏肉業界にも投資している」

「最近、スペインで事業を興した企業の大株主になった。風力発電をはじめ、再生可能エネルギーの事業を世界的に展開する世界最大規模の企業だ。なぜこの会社に資金をつぎ込むのか。今後、石油やガスの価格がどう推移しようと、再生可能なエネルギー源から製造したエネルギー、つまり絶対環境にダメージを与えないエネルギーを確保することが重要になってくると確信しているからだ」

「結局、世界の大問題は『不足』という言葉に集約される」

とクラビス氏は言った。

「世界中で問題となっていること、それは『不足』なのです。水の不足、食料の不足、そうした不足が地球規模で問題になっているのです」

しかも「そうした問題を解決しようにも、世界は複雑になっている」とクラビス氏は指摘した。国の規制も増え、ＮＧＯなどの活動もあり、企業活動をスムーズに進めることは至難の業。だからこそ、環境、社会、ガバナンスの強化に対しては、信念を持って推し進め、「正しいことを成し遂げる」者が、儲かると。

手を変え品を変え、様々な質問をぶつけたが、クラビス氏は、結局、

「正しいことをすれば、儲かるのだ」

と答えた。いつのまにか、私たちの中のもやもやした何かは、霧散していた。予定した1時間のうち50分で、インタビューは終わった。クラビス氏は満面の笑みで握手に応えた。

最後に、「執務室に撮影のために入れてくれないか」とお願いした。

「もちろんOKですよ、さあどうぞ」

と、クラビス氏は自ら先導して歩き始めた。会議室の奥の廊下の先に、その部屋はあった。広大なセントラルパークと、公園に面したビル群が一望できるガラス張りの部屋。

「ここから見渡すと、今世界が何を必要としているか考えが湧いてくるのか」

と聞くと、

「そうだね」と頷いた。遠くを見つめる眼光は、相変わらず鋭い。執務室の撮影が終わったとき、ちょうど1時間。クラビス氏は私たちと握手を交わし、足早に去って行った。

水不足、食料不足に投資すべきだ

それから1カ月後、オーストラリアの乾燥地帯で巨大プロジェクトが動き出した。乾い

た大地で大規模な食料生産を行うというプロジェクト。農業に欠かせない水は、海水を淡水に変えて供給する。大干ばつを数年おきに頻発させるオーストラリアに、根本的な解決策を示そうとするプロジェクトだ。

南部の大都市アデレードから海の方へ向かった。たけの短い植物ばかりの大地を貫く１本の道をひたすら進む。ＫＫＲの担当者が、現地の視察を行っていた。サングラスをかけた風貌は、映画「マトリックス」に登場する架空の人間のようだ。淡水化のプラントについて、説明を受けている。赤茶けた広大な更地で何台もの重機が動いていた。ここが本当に新たな食料生産基地となるのか。目の前の光景から、未来像をすぐに想像することはできなかった。

私たちは、クラビス氏の自信に満ちた言葉を思い出す。

「水不足、食料不足。こうしたことに投資すべきだということを、私たちに資金を託す投資家にわかってもらいます。やるべきことをやった方が稼げるのだということを」

マンハッタンの超高層ビルの窓から外を眺め、世界と地球がかかえる「不足」という問題に真っ向から立ち向かい、解決しようとするマネーの大物。彼の目に、そのマンハッタンの街を見おろした一番下の片隅で、教会の施しを受ける人たちは映っていないのだろう。転落した人たちの「不足」は、巨額の投資とは別の形で補われる。

私たちは、世界各地の「沸騰する現場」のすぐ近くで、いわば「蜘蛛の糸」から転落し、貧しさの中でもがく人たちを目撃した。

中国・山西省の太原の郊外の農村で、西洋式ステーキ店とのあまりの落差を感じざるをえない農民。いまだに〝黄色い土にまみれた〟生活をしていた。

ブラジルのセラード、巨大な大豆畑を開拓する拠点となる街の一角にも、スラムが形成されていた。大通りから一歩入ると、水たまりだらけの土の道。日がなサッカーのボールを蹴り続ける少年たち。静かに座り続ける人。大豆畑で働けば豊かになれる、と移住してきた人々が暮らしていた。

「いったんは大豆畑で仕事にありついたが、畑が機械化されて解雇された。ふるさとに帰るお金もなく、廃品回収で食いつないでいる」

ひとりの男性はそう語った。太鼓腹の大豆王の、アドレナリンをがんがん出して儲けようとするエネルギッシュな様子と、驚くほどのコントラストをみせていた。スラムの数区画先には豪邸が並んでいた。

そしてニューヨーク。異次元の緩和マネーをあふれさせる市場の活気、世界がうらやむ素早い景気回復の恩恵が、まったく届かない人たちがいる。その数がどんどん増えていることは間違いない。

第7章

ブラジルを襲った大干ばつ

Goiás, Brazil

食料輸入大国日本はどうなるのか

真夏のブラジル・セラードの大豆畑。年が明けた２０１５年1月、取材班は再び地球の裏側、ブラジルに向かった。２０１４年11月に取材した広大な大豆畑が収穫期を迎えるからだ。日本の国土の5倍もある草原地帯で続く大豆畑の開発。取材を続けている間にも、灌木と草が生える大地に重機が入り、だだっ広い畑に変わっていくのを目の当たりにして、なんともいえない複雑な気分に襲われた。不安が脳裏をよぎった。地元で、過度な開発による環境への影響が懸念されているとも聞いていた。

他の地域からセラードに移住してきた普通の農家が「大豆王」になり、自分の意思のおもむくままに、想像を絶する量の大豆を作り、中国からの信じられないほどの需要に応えている。それでもまだ足りない。どんどん作れば、その分だけどんどん売れる……。

限界知らず、上限のない世界だ。事務所で行われていた売買と価格交渉からすると、おそらく相当分の売買契約が収穫前に交わされているのだろう。想定通り、大豆は収穫されるのか。実際に大豆が実る頃、もう一度大豆畑をみておきたかった。

着くと、素晴らしい青空。空には白い雲も浮かんでいる。南半球なので、1月は夏真っ盛りだ。

悪い予感が当たり、深刻な事態が進んでいた。ここ2週間ほど、雨が一滴も降っていないという。干ばつである。このままでは大豆の収穫が危ない。もともと大草原地帯をならしただけの畑だ。灌漑施設を一部に設置し、スプリンクラーで畑に水を撒く施設の整備も徐々に進めているとはいえ、なにせ畑の総面積はブザット氏の畑だけで東京ドーム9800個分。ほとんどの畑は自然の雨を待つしかない。

大豆王ブザット氏が畑に出ていた。なんとも無造作に何本かの大豆を引き抜く。11月にきた時よりりたけが伸び、豆が入るさやができている。しかしそのさやに豆の膨らみがない。ブザット氏が指で触ると、乾燥してポロポロのさやが、粉々になって地面に落ちる。

ブザット氏が、嘆きの言葉を吐く。

「この大豆はもうだめだな。ますますひどくなっている」

しかし一連の動作、言葉は、想像以上に淡々としている。畑によっては2割も失われたというのに。今更じたばたしても始まらないということなのか。確かに「お天道さま」だけが、この大豆畑の運命を知っている。

改めて見ると、大豆という植物の小ささ、ひ弱さが胸に迫ってくる。要は、日本の田んぼのあぜ道などによく植えられている枝豆だ。そんな30～40センチメートルほどの植物が、見渡す限りの畑に植えられ、雨を待っている。トウモロコシのようなたけもなく、小麦のような束でもない、このマメ科の植物が、世界の需要、膨大な肉の生産を支える飼料となる「穀物」なのだ。

暑い日差しが容赦なく照りつける。大豆の緑の葉っぱがじりじりと焼けるようだ。雲は見えているのに雨は降らない。今の時点で2割失われたという畑は、このまま数週間雨が降らなかったらどうなるのか。今はまだそれほどの被害はでていない他の畑も、どうなっていくのか。私たちは破滅的な事態を目撃することになるのだろうか。

研究者が鳴らす警鐘

私たちは改めて、セラード開発のリスクについて取材した。ブザット氏の畑がある州には、灌木の生えた草原が畑になることでどれくらい環境に影響が出るか、調査研究を進める専門家がいる。

ゴイアス連邦大学のエドアルド・フェレイラ教授の調査に同行した。

畑と畑の間に広がる未開発地に入っていく。草が茂っている。枯れる気配はない。数メートルおきに、木が生えている。そんなに高くない、見た目はなんてことはない灌木だ。しかし地中に深く根を張っている。その張り巡らされた根が、地中に水をとどまらせ、保水力となる。だから降る雨が少しでも、長い間土が乾くことはなく、草を枯らせない。その保水力が、まわりの畑にも効いてくる。大豆畑にも潤いをもたらしているというのだ。

　めいっぱい開発してしまうと、一気に畑は乾いていく。雨が降らない時にもちこたえられる期間が短くなっていく。干ばつに弱い畑になってしまうのだ。

　しかし農家の目には、未開発地は「遊ばせている土地」にしか映らない。農家は、開発すればした分だけ畑の面積が増え、収量が増えると考える。「単位面積当たりの収量×総面積」という、きわめて単純な掛け算の世界。その単純計算が、ある一線を越えると成立しなくなるとは考えない。自然の摂理を無視した開発をすると、最後は自分の首をしめることになる。フェレイラ教授は、セラードを眺めながら話し始めた。

「セラードはこの地域にしかないもので、とても優れた生態系なんです。ここを守ることはアマゾンの森林を守るのと同じくらい重要です。大豆畑の拡大が影響を及ぼし、それが大豆の生産に被害を及ぼします。まさに今のブラジルは自分で自分の足を撃っているようなものです」

　アマゾンは、世界の注目を浴びて、自制の力が働いた。しかしセラードにはそうした世界の目が、まだそれほど向けられていない。しかも世界はその一方で、もっと大豆を作ってくれる畑を探している。できれば、大豆の生産を引き受けてくれないかと期待している。

中国国務院の担当者、程氏のインタビューを思い出す。

「中国人の胃袋を満たすために、仮に中国の大地で飼料作物を作ったとしたら、中国の環境が持たない」

だからブラジルに頼ろうとしている。しかしブラジルにも同じことがいえるはずだ。ブラジルの環境もいずれ持たなくなる。

雨に救われた大豆王

ひょっとすると私たちは、「世界の終わり」に立ち会うことになるのではないか。くる日もくる日も日差しが照りつける空を見上げながら、私たちはその決着を見守ることにした。

雨を待つこと1カ月。天がにわかに曇り、ぽつりぽつりと大粒の雨が落ち始めた。傘を持っていない人たちが走り出す。降りだしたら土砂降りだ。バスのフロントガラスに雨の膜ができ、前が見えない。乾いた畑が、みるみる水浸しになっていく。大豆は、生き返った。

ブザット氏の事務所を訪ねた。白いシャツの袖をまくって机に向かっている。鼻先に銀縁のめがねを乗せ、売買に関係すると思われる書類を見つめて、にやにや笑っている。

危機を寸前で免れたが大いに冷や汗をかいた、心臓が止まりそうになったという感じは微塵もない。まさに「のど元を過ぎた」瞬間、「熱さを忘れてしまった」のだろうか。

どうしてこうも楽天的なのか。しかしよく考えてみれば、収穫が結局どうなろうと、大豆王ブザット氏は困らない。

予想以上に収穫できれば、追加で売ればいいのだし、予想以下なら、できませんでしたというだけのことだ。お金は十分に稼いだ。収穫できなければ、ないといえばいいだけだ。困るのはあくまで買う側。飼料がないと牛や豚に食べさせられない、太らせられないという側の人や国だ。

しかしそれもまた、別に絶対困るというわけではない。牛や豚が出荷できたら儲かるが、出荷できなければ儲からないだけで、それによって誰かが飢えたり、暴動が起きたりしても、責任を取らされるわけでもない。結局、誰も責任を取らない。そういう「究極の無責任の現場」を、私たちは目の当たりにしているのだ。

書類をにやにやしながら眺めていたブザット氏は、十分満足という表情で立ち上がり、さあ出発だと大きなかばんを持ち上げた。そして、私たちにこう言った。

「これで干ばつの問題は解消だよ。大豆をもっと生産して、畑も拡大し、欲しがる人たちのために提供しますよ」

「これからも続けるんですね？」

と取材班が聞き返す。

「もちろん。もっとたくさんの大豆を供給しますよ」

日本の国土の5倍もあるブラジルの大草原、セラード。

過度な開発は豊かな大地の機能を奪ってしまう、というだけでなく面積からみても「限界」にきていた。あまりの広さのゆえに「無限」と見えていた開発の「限界」、または「天井知らず」だった世界の「天井」が見えてきた。もう少しで、未開発地の面積が「全体の半分をきる」というのだ。大豆の生産にとって、こんなに自由に農家が開発できる世界のどこにあるか。そのことに思いを馳せる時、絶望的な気分に襲われるのは、私だけではないだろう。

ミスター牛肉の苦肉の策

その日、日本の輸入牛肉の約1割を扱う商社、双日食料の池本俊紀部長は、東京港の冷凍倉庫に仲間を連れて向かっていた。ある試みをするためだった。

入っていくと、女性たちが準備をして待ち構えている。挨拶もそこそこに、「試み」は始まった。アメリカから輸入した牛肉のある部位を、牛丼用に使えないか、試食しようというのだ。双日食料が開発してきた「ショートプレートの周辺」の部位。形が均一ではないので、味は変わらないが、従来はアメリカ国内で、ハンバーグ用などのひき肉として用いられてきた。池内部長がアメリカのサプライヤーにカットの指導をしたことにより、形の均一化を成し遂げた。中国が猛烈に「ショートプレート」を高値で買いにくる中で、部位の選択肢を広げておきたい、というのが双日食料のミスター牛肉、池本部長の戦略だった。

池本部長自ら包丁を握り、周辺部位に包丁を入れる。断面が露わになる。赤い部分と白い脂身が交互になった肉だ。池本部長が声を上げる。

「いいね、いいですな。見た目はショープレと変わらないですね」

そして早速、焼いて試食する。ネクタイをワイシャツにしまいこんで、肉を箸でつまみ、豪快に口に放り込む。すぐさま、威勢のいいひとこと。

「おいしいですね。多少ショートプレートの方が柔らかいかなと思いますけど、ショートプレートも肉の場所や、牛の個体によって差があるので、許容範囲ですね」

池本部長のリードで、場が盛り上がる。これはいけるぞ、という気運が高まる。

もちろん、ショートプレートがふんだんにあれば、それにこしたことはない。牛1頭から10キログラム取れる「非常に均質な肉の部品」。それだけを使うことで、大手チェーンは牛丼の品質、価格を非常に均質かつ緻密に保ってきた。そういう時代が、揺らぎ始めている。手をこまねていては、中国が勢力を伸ばし、劣勢の中での戦いになる。先手を打てば有利になる。後手に回れば、圧倒される。周辺部位でさえ、うかうかしていられない。牛肉を巡る池本部長の苦悩と挑戦は続く。

東南アジアへ、さらなる新戦略

別の日、池本部長は国際線の飛行機の中にいた。降り立ったのは、アジアの新興国ベトナム最大の都市、ホーチミン。

池本部長を乗せたワゴン車の前を、バイクが「群れをなして」走っている。経済成長の勢いを感じる。池本部長は、ここでいったい何をしようというのか。

池本部長の説明を聞いて驚いた。ショートプレート以外の周辺部位などの肉をベトナムに売ることによって、日本の強みにしようというのだ。それはどういうことか。中国に対して買い負けるようになったのは、それまでの日本の「圧倒的輸入大国」の座が揺らいだからだ。中国に「購買力」で、あっという間に抜かれた。おそらくその差は今後、どんどん開いていくだろう。

一方日本は高齢化、人口減少が進み、牛肉を食べる量は減って行く。中国との差はどんどん開いていく。今後消費を増やすであろう東南アジアの分を、日本の商社が一緒に買うようにすればいいのではないか。合わせれば、中国に「量」で対抗できる。そうなれば、肉を売るアメリカとの「交渉力」が強まる。

池本部長は、ベトナムの中でも経済成長が著しいホーチミンで、いち早く感触をつかもうとしていた。的確に売り込みを図り、日本の商社から購入してもらう体制を組み上げなければならない。中国のバイヤーも、同じことをしてくるだろう。彼らは果てしなくアグレッシブだ。

ベトナムでの牛肉の消費は、もともと「水牛」が主だった。水牛の肉は「赤身の肉」。昔ながらの街中の市場をのぞくと、大きな赤い肉がぶらさがっていた。脂身はほとんどない。この嗜好が、経済成長が進む中で変わり始めているのかどうか。

池本部長は、最近急に増え出した市内の焼き肉店を訪れた。若い家族客で、ほぼ満員の賑わい。自分たちも席につき、まわりを見渡す。あちらこちらのテーブルで、脂身の入った肉を焼いている。

小学生、中学生くらいの子どもたちを見て、驚いた。肉付きの良い太った男の子があっちにもこっちにもみられるのだ。ベトナム戦争の時代の、痩せた人ばかりだった頃には、想像もつかない体型の少年たちである（こんなに太った少年では、ベトナム戦争時にアメリカ兵に不意打ちを食らわせるために掘られた「地下ルート」は成立しない）。食の西洋化は、思った以上に進んでいると実感した。

池本部長のテーブルにも、この辺が売れ筋だろうと見て注文した肉の皿が運ばれてくる。池本部長が大きな声を上げる。

「ショートプレートらしきものが運ばれてきましたね。ああ、ショートプレートじゃないですか！」

赤身の国ベトナムにも、ショートプレートの「脂身の誘惑」は、とっくに上陸していた。

「アジアの人も食習慣が似ているというか、しゃぶしゃぶを食べたりとか、日本人と似たところがあります。アジアの肉の供給元になることができれば、我々の購買力がさらに増え、中国に競り勝つことにより、ショートプレートを日本に安定的に供給できるはずです」

しかしよく考えてみれば、この戦略は矛盾に満ちている。もともと肉の取り合いが激しくなって、日本の牛肉輸入大国の地位は下がった。これまでそれほど牛肉を食べなかった東南アジアの人たちが大量に食べ始めたら、争奪戦はさらに熾烈さを増す。アメリカやオーストラリアの牛肉生産がこの先飛躍的に伸びる要素は、ほとんどないといっていい。限界に近い。だとすれば、今の戦略は、自分の首をしめていることにならないのか。

ホテルに帰った池本部長に疑問をぶつけてみた。

「伸びゆくアジア市場にはショートプレートではなく、周辺部位や肩などの部位を販売し、ショートプレートの需要拡大を抑えていく」

というのが、池本部長の答えだった。池本部長は、いつになく神妙な面持ちで語った。

「日本を守っていかなければならないというのが、私たちの商社の使命だと思っています。我々が主眼としているのは、日本の食文化の安定であり、日本の顧客がショートプレートを安定的に購入できることを期待しています。食べたいものが食べられなくなるということは、絶対に起こってはいけない、非常につらいことだと思っています。日本を守るために、New Way, New Value（双日のスローガン）を胸に、私たちは戦い続けます」

勝機は『量を買う戦略』にあり

ベトナムには、中国の大手食肉加工メーカーも進出している。あちこちの農村で、田んぼや畑の真ん中にどでかい養豚場が次々と建設されている。

脂身の多い牛肉を食べる習慣も、どんどん広がっていくだろう。水牛の赤身の肉の味を好んでいたことなど、多くの人がまたたくまに忘れていくのだろう。だから日本商社は、攻めに出るしかない。東南アジアなどの参入による世界の牛肉争奪戦を熾烈化させることになるかもしれない。それに巻き込まれないために、ショートプレート以外の部位を広めることにより、アジアでのショートプレートの需要拡大のスピードを少しでも遅らせたい。

池本部長は、争奪戦について現状の分析を語った。

「アメリカは繁殖用の母牛まで屠畜してしまったので、牛の絶対数が少ない。アメリカは今度、オーストラリアから輸入拡大するという状況になり、オーストラリア産の牛肉の（価格）がさらに上がるということも起こりうる。その結果、2015年はさらに今より悪い見通しになる可能性がある。回復基調になるのは2016年くらいではないでしょうか。昨今は東南アジアがかなりの買いつけを行い、需要の方が格段に増えているので、さらに右肩上がりに増えていく可能性があると思われます」

そして、だからこそ池本部長は、

「『量を買う戦略』を進めなければ、勝機は見い出せない」

と強調するのだ。

「現在、我々は日本向けにショートプレート以外の部位もかなりの量を購入し、購買力をつけていますが、日本向けのショートプレート以外の需要に限界があります。中国に買い負けないためには、日本と中国が購買競争を熾烈にさせるショートプレート以外の部位を大量購入することによって、サプライヤーと有利に交渉しなければならない。買い続けない限り有利な買いつけはできない。そう考えるとやっぱりアジアに出ていく必要がある。そのときにアジアでショープレはもちろんのこと、ショープレ以外を売るというのが、我々のひとつの目標というか、答えなんです」

日本の食を守るためには、買い手として大きくなるしかない。たとえそれが世界の牛肉市場をひっ迫させ、争奪戦をさらに加速させることになるとしても……。

その矢先、池本部長のもとに新たな情報が飛び込んできた。別の国で調査を進めていた部下から、韓国が「ショートプレート買い」の戦いに乗り出してきたという報告の電話がかかってきたのだ。

「今度は韓国がショートプレートを買うみたいです。新たな敵が出てきました」

果てしない牛肉争奪戦。車の中で電話をきった池本部長は、窓の外に広がる暗いベトナムの町を黙って見つめていた。

第8章

牛肉は「工業製品」か「生き物」か

「ショートプレート」が象徴する牛肉の世界

サラリーマンから年金生活者まで多くの人が愛してやまない「牛丼」に、今や欠かすことのできない存在となった牛のばら肉、ショートプレート。取材を続けていると、「ある感覚」が麻痺していくことに気づく。もともと「牛という生き物だった」という感覚だ。アメリカやオーストラリアの牛肉加工場の巨大な冷蔵庫に、これでもかといわんばかりに大量にぶらさがる「枝肉」。それを見慣れた時点で、実は「麻痺」は始まっている。よく見ると頭を切り落として内臓を取っただけ。胴体も太ももから下もついた肉の塊なのだが、その塊はすでに「牛の死体」ではなく、おいしそうな「牛肉の塊」に見えてくる。番組の中でも、枝肉の列の間をカメラが延々と進むカットが何度も出てくる。そのカットを見るだけで興奮し、なんともいえない幸せな気分になる。「麻痺」もこの範囲なら、しようがない気もする。いちいち牛の姿を想像していてはきりがない。同じ哺乳類の仲間である牛の肉を食べるとは、そういうことなのだろう。

だが、それが加工場で「部位ごとに切り分けられる」ようになると、様相は一変する。麻痺の度合いが一段上がるとでもいうのだろうか。一気に肉が「部品化」される。何百キログラムもある牛1頭からとれるショートプレートはわずかに10キログラム。極めて均質な一部分だけを切り取り、商品にするさまは、まさに「工業製品」の世界だ。その10キログラムの塊は何十個、何百個と集められ、箱に入れられ船に積まれて日本に運ばれていく。

日本の商社、双日食料の「ミスター牛肉」池本俊紀部長が東京港の倉庫で箱を開け、冷凍されてコチコチになった塊を取り出して、いつものように、

「やっぱりショープレは形が良い。加工しやすい部位ですな」

と部下に語る。

その時それは完全に、その後牛丼チェーン店に卸され、どの店でどんな時間に食べても同じ満足が得られるように作られる「牛丼」に必要不可欠な「商品の原料」なのだ。極めて均質ということが「原料の高い品質」の証明になっている。

山積みされた箱の中に、牛の他の部位はない。もはやそれらが牛の一部だったとか、腹に近い部分を切り取ったとかいう説明さえ一切不要な「いち商品」としてのショートプレート。そこには、生き物につきものの、どこで生まれどこで育ったとか、まして誰かの愛情を受けたとか、そういう話は一切ついてこないし、誰も想像しない。

だから牛肉の輸入は、限りなく「単価×量」の世界である。取引の交渉をする部屋には電話とファックスとパソコンとスマートフォンがあればよく、牛肉加工業者と話し合う会

議室にはテーブルといすと、手元の電卓さえあればいい。

「コンテナ幾つ分」手に入るかが問題で、品質が一定であること、同じ役割を果たす商品であることがむしろ前提となる。その意味で工業製品となんら変わりはない。部屋の壁に「牛の写真を飾ろう」などとは思わない。

牛肉は「工業製品」なのか？

その一方で、この「いち商品」といういい方は世界牛肉争奪戦の難しさ、複雑さを正確にあらわしてはいない。工業製品とは割り切れない「もうひとつの世界」を、本当は合わせ持っているからだ。実際、池本部長の語る言葉にもう少し耳を傾けると、あるところから先は、「工業製品とは違う話」のオンパレードになっていく。

私たちとの雑談にも気軽に応じる池本部長。

「焼き肉として食べる肉（池本部長は「テーブルミート」と呼ぶ）として輸入するなら穀物をふんだんに食べているアメリカ産が断然いい」

と饒舌になり、

「牧草をメインに食べているオーストラリア産は、ハンバーグに向いている」

と熱っぽく語る。輸入する量についても池本部長は、例えば、

「しゃぶしゃぶ用は売れ行きのよい季節が限られているから年間一定とはいかない。そこを頭に入れておかないと」

などという〝細やかな計算〟が必要、と話していた。

食べ物だから微妙な味や食感の違いも大切な要素で、だからこそ「アメリカ産ショートプレート」は牛一頭からおよそ10キログラムとなるし、大手牛丼チェーンは「それを買いたい」となる。一定均質であることを、畜産業者の牛の育て方と食肉加工場での「切り分けの精密さ」で高めていくことと、工場などの生産現場で機械の精度や点検管理、それを担う技術者の熟練で「正確に均質であること（不良品でないこと）の歩留まり」を上げていく工業製品のやり方は、当たり前だが根本的に異なる。

輸入する国も、牛が生き物であることに大きく影響される。牛がある病気にかかると、それ以降輸入が禁止されたり制限されたりするのだ。主なものにＢＳＥ（牛海綿状脳症）や、口蹄疫がある。池本部長はインタビューの中で、

「もしブラジル、アルゼンチンという南米の大牛肉生産国から輸入できたらビジネスの様相が変わるのだが」

と語っていた。

過去に発症した口蹄疫のため、日本政府は今でもブラジル産・アルゼンチン産の生肉輸

入を認めていない。ＢＳＥの発生で、アメリカ産牛肉の輸入も大きな影響を受けた。中国本土は今も、少なくとも正式には、ＢＳＥを鑑みアメリカ産の輸入を解禁していない。それはそうだ。牛肉は「食べ物」なのであって、「生き物としての牛の病気」が影響するのは、いうまでもない。

私自身のＢＳＥの記憶をたどってみても、「気味の悪さ」は尋常ではなかった。１９８６年にイギリス、２００１年に日本、そして２００３年にアメリカなどで相次いで発症が確認されたＢＳＥ。当時は「狂牛病」と呼ばれていた。

ふらふら歩き、バタッと倒れる牛の映像に戦慄を覚えた。とたんに、焼き肉屋に行く気がしなくなった。あんなに好きだった牛肉を買わなくなり、豚や鶏に切り替えたことを覚えている。原因をさぐる報道などの中で、牛のエサとして、死んだ牛から作る「肉骨粉」が与えられ、それが狂牛病の蔓延につながったのではないか、という情報が提示された。身の毛がよだつ思いがした。

なんというのだろう。やっていいことと悪いことの境界線、「生き物として育てる上で越えてはいけない一線のようなものを越えてしまった」という感覚に襲われたのだ。

そんな感覚が無意識な形で、私たちの中には存在しているように思う。どんな経済だろうが社会だろうがついてまわる、牛が育つならどんなエサでもいいのかという「違和感」。

結局、牛肉は「食べ物」なのであって「工業製品」ではないということを、改めて思い知ったというわけだ。

これを続けていって地球はもつのか

中国の異次元爆食を引き金に、世界でまきおこる激しい牛肉争奪戦。

多くの日本人、そして私たちも知らなかった現実を見ることができたのは、「日本の食を守る使命がある」という自負を持つ商社マンたちの「覚悟を持った取材受け入れ」のおかげだ。

私たち取材班の前に次々と姿を現したとてつもない事実、すさまじい事態。「ガチンコの世界」を直視した数カ月だった。番組を完成させ、放送したあとの、私たち自身を含む「読後感」をもう一度かみしめ、その意味を考えてみたいと思う。

確かにそれは、想像もできないほどの「量」とシビアな「価格」を「掛け算」する世界だった。さらに過熱や乱高下をチャンスととらえ流入する膨大なマネー。

まず、「数字」だけが躍る「資本主義の世界」に圧倒される。次に工業製品化した肉や穀物の世界の知られざる変貌に圧倒される。

しかし取材を進めるうちに、奥の方にちらちら見えていたものが次第に大きくなっていった。それはいつのまにか私たちを考えさせ続ける「テーマ」になった。それは「圧倒的なこと」そのものではなく、それが圧倒的であるがゆえに当然わいてくる疑問、つまり「これを続けていって地球はもつのか」という疑問だった。

「有限」な地球で「無限」を追う無謀さ。私たち人類は今、そのことを突きつけられている。

自分で自分の足を撃つことに等しい

考えてみれば、大量の牛肉が市場に放出され、それを世界がまたたくまに食い尽くしてしまうことになった原因は「干ばつ」だった。大規模な「干ばつ」は、世界の主要な牛肉生産国であるアメリカで起き、オーストラリアでは2000年以降3回起きている。

牛などに食べさせる飼料作物の代表格、大豆の未来を背負うブラジルの大草原地帯でも、私たちは「干ばつ」に遭遇した。農業生産には一見何の役にも立たないようだが、自然の絶妙なバランスには欠かすことができない存在として草原の灌木がある。それをむやみに切り倒し、過度に開発することが「自分で自分の足を撃つことに等しい」という研究者の警告の言葉に、はっとさせられた。

目の前で起きるかもしれなかった破滅的な状況。しかしぎりぎりで雨は降り、まさにその「天の恵み」によって農家は難を免れた。しかし「天の恵み」は、いつまでももたらされるものなのか。天が「もう無理だ」という前に、人類は「無限」を追い求めることを止めるべきではないのか、と思わざるをえない。

どんなに科学技術が進歩しようが、穀物の品種改良が飛躍的な収量アップをもたらそうが、結局牛は、豚や鶏より長い時間をかけてたくさん食べさせて育てるしかない。一定時間は草の生えた広大な大地で放牧させなければならない「生き物」なのだから。

そのことに正面から向き合うべき局面に、私たちは立っているのではないか。むしろ、正面から向き合う中に、未来への希望があるのではないか、と私は考えている。

第９章

地球の限界を救えと立ち上がったSATOYAMA／SATOUMI

「里山資本主義」「里海資本論」の取り組み

ここからは、牛肉争奪戦の取材やそれに連なっていく過去数年間の取材とは別のチームで私が取材を続け、考察してきたことの記述となる。

私は今、SATOYAMA・SATOUMIの世界的な展開を追い、取材を深めている。それを私は「里山資本主義」、それをさらに深めた「里海資本論」と名づけ、取材や番組を制作し、執筆も行ってきた。

2008年のリーマンショックで、マネー資本主義の基本をなす巨大システムが「いち証券会社」の破綻によってすさまじいシステム障害を起こす事実を突きつけられた。2011年3月11日に発生した東日本大震災で、経済の根幹を支えるエネルギーの巨大システムもまた「いち発電所」が津波で停止するとあっけなくシステム障害を起こした。膨らみ続ける違和感に向き合いながら、これらに強い衝撃を受けた私は、震災3カ月後に辞令を受けて広島に異動し、そこから取材を始めた。

豊かさとは「手に入れたマネーの額」で決まるのではない。やせがまんでなく、それを自ら実践することだと気づかされた。

日本で一番過疎や高齢化が進むとされてきた中国山地の山あいや瀬戸内海に浮かぶ島で、

「田舎には何もない」のではなく「田舎にはなんでもある、ないのは〝都会だけ〟だ」と発想を転換し、放置されたままの山の木や耕作放棄地など地元の「活かされていない資源」をお金に替えないで使ったり、お金を介さず交換したりしながら豊かに暮らす人たちに、次々と出会った。

彼らの実践の中にいきづく考え方や「発想の転換法」、あるいはその前提となる「今の経済の常識が貼りついた目から〝鱗《うろこ》〟をどう落とすかの知恵」を取り出してきて、「マネー資本主義」から「マネー」を取って「里山」をつけた「里山資本主義」という造語で発信していく番組作りを、1年半続けた。

「山は金にならない」、「自然が豊かなだけでは食っていけない」などといっていないで、その山にふんだんに生えている木をエネルギーとして使ってみたら、ほんのわずかかもしれないが、「エネルギーの自給」は確実に始まる。戦後、電気もガスもガソリンスタンドもある便利な暮らしを享受するようになってすっかりやめていた「釜炊きのご飯」がどんなにうまいことか。ほんの何十年か忘れていた「懐かしい」ことを、現代の暮らしや経済と共存する形で取り戻していく先にこそ「未来」があると、地域エコノミストの藻谷浩介さんを中心にした議論で語り合い、参加者たちはそこでの気づきをまた実践に移していった。

2万2000世帯分の電気を毎日まかなう

広島・庄原市の和田芳治さんを中心としたグループが、ガソリンスタンドで出るペール缶という廃品を利用して改良を重ね、「エコストーブ」と名づけた熱効率の良い煮炊きの道具。作り方の講習会などを通じて北海道から九州沖縄まで全国に愛好者を増やし、今や東京でも「近所の公園などで枝葉を拾い、釜炊きのご飯を楽しむ」ムーブメントが広がっている。

市民レベル、本当の意味での「草の根」の広がりなので、残念ながら統計データは存在しないが、1000や2000ではきかない相当数のエコストーブが今や全国で活躍していることは確かだ。

隣の国、韓国にも「目から鱗の現象」は飛び火し、広がり始めているという情報も耳にしている。

製材所で毎日出る木くずを「ごみ」だとか「産業廃棄物」だとかいっていないで「エネルギー」だと位置づければ、製材所の経営が改善され、町のエネルギーの未来図も変わる。

その実践を町ぐるみで進めてきた岡山・真庭市は2015年春、市の様々な企業や人が出資した「出力1万キロワットアワーの木の発電所」を完成させた（稼働して数カ月で、すでに100パーセント近い出力を安定的に達成している）。2万2000世帯分の電気を、毎日まかなえるようになった。

燃やす木が集まるかという心配も、ほどなく杞憂に終わった。近くの山林から出る間伐材はもちろん、「木を持っていけば少しだがお金になるらしい」ことを聞きつけた人々が、どんどん木を運んでくるようになったのだ。集積場に行くと、木の皮も細い枝もある、太陽光発電パネルを設置するために刈り取った木もある。うず高く積まれた「雑多な木の山」を目の当たりにすると、なんだか元気が出る。むくむくと勇気がわいてくる。

なぜならこれは、100パーセント地元産の「エネルギーの山」だからだ。

「単価×量の経済」では勝者になれず、若者が地元からどんどん流出していた瀬戸内海の「ミカンの島」。

新婚旅行で行ったフランスのパリでたまたま立ち寄った店のジャムに魅せられ、Iターン（奥様にとってはUターン）して起業した。手作りジャムの店を「起点」に魅力を発揮し始め、今や様々な世代の人が「移住して起業する島」になっている。

このジャムの店、山口・周防大島町の「瀬戸内ジャムズガーデン」が年に1回、春に開くという「パンフェスタ」なるイベントには、日々全国各地の先進事例に触れている私でさえ驚いた。瀬戸内海を見おろす橋を渡って詰めかけるものすごい数の客、そして参加するパン屋さんたちの熱気。つい先ほどまで強い雨が降っていたとは思えないほどの客が、開始直後から詰めかけた。

「瀬戸内の島のジャムと、瀬戸内海沿岸で営むパン屋さんのコラボレーションをしませんか」

と店主の松嶋匡史《ただし》さんの呼びかけで始まったパンフェスタ。参加を申し込んだ大勢のパン屋さんの中には「神戸のパン屋さん」もいた。実際、フェスタ当日も参加していて、大喜びだったという。

異人街や中華街のエキゾチシズムに包まれ、世界に開かれた港町、神戸。アメリカ・オバマ大統領が訪日したらまず食べたいといったという「神戸牛」のあの神戸が、である。「神戸」の方が圧倒的にオシャレでみんなが目標にしていた時代、それが当たり前だとほとんどの人が思っていた時代が、いつの間にか「反転」している。

経済と環境が手を取り合う時代

1年半に及ぶ「里山資本主義」の番組づくりの後、およそ1年続けたのが「里海」の取材だった。舞台は目の前に広がる日本最大の内海、瀬戸内海。最初から勝算があったわけではない。正直なところ「里山の次だから、里海か」というくらいの動機で始めた。

ところが取材を進めるうちに、目を見張った。かつて「赤潮の海」、「瀕死の海」とまで言われるほど汚染のひどかった海に劇的な変化が起きているとの報告が、若いディレクターたちから続々とあがってきたのだ。

「里山資本主義の勇者たち」の30年にわたる努力が、ちょうど取材を進めた数年間に目に見えて結果を出し始めたのと相似形をなす「なにか熱いもの」が、里海にもわき起こっていた。漁師や研究者が20年以上にわたって続けてきた「営みの成果」が、ここにきて本人たちも驚くほど出始めていたのだ。


岡山・備前市日生《ひなせ》町の漁師の船に同乗して海に出た私たちの前に姿を現した「水中の森」。アマモという海草の種を毎年毎年1億粒もまき続けた。するとこの5～6年、アマモがあちらでもこちらでも急に茂り出したと、漁師は興奮した声で話した。アマモの花芽を摘み取る時も種をまく時も、顔には満面の笑みがたたえられている。

沿岸にコンビナートが立ち並び、工場排水や生活雑排水で遊泳禁止になるほど水質が悪化して、ほとんど消失してしまったというアマモ。そんなにひどい状態だったことが、今目にしている風景からは、逆にまったく想像できない。

自分の記憶や思い込みがまったく「更新できていない」ことに、私自身も気づかされた。戦後の焼け野原から立ち上がり、世界第2位の経済大国（現在は世界3位）にのし上がった日本が、大阪郊外の里山を切り拓き、世界中のパビリオン、そして人々を集めて「万国博覧会」を開催した1970年代。小学生だった私は、授業で水俣病やイタイイタイ病や四日市ぜんそくといった「公害病」のことを学んだ。瀬戸内海は海水浴に向かない海だという知識を「アタマにすりこんだ」。

今や「SATOUMI」は世界共通語

ちょうど20世紀から21世紀へと世紀をまたぐ頃、異動で広島に赴任した（私ごとで恐縮だが、広島勤務を2度経験している）時、「遊泳禁止」はもちろんかなり前に解かれていたが、まわりにいる多くの人は「海水浴するなら瀬戸内海より日本海がいい」といっていた。実際、広島市から少し先の海水浴場にいってみると、沖を頻繁に船がいき来するようになるお昼頃には、多くの人が「海の水が濁るから」と言って海からあがっていた。

それから7年たった2011年、久しぶりに広島に戻ってきた私は、瀬戸内海の水はまだ汚れているのだろうと、なんとなく思っていた。「アタマに刻まれた瀬戸内海の知識」を疑ってみることさえなかった。

だから若い後輩たちが「夏に家族を連れて瀬戸内の島にいった」とか「楽しかった」とか話していても、「夏休みを近場ですませたのだろう」くらいにしか思っていなかった。里海の取材報告に触れるまで、何年も。自戒を込めていうのだが、「目から鱗を落とす」ことは実に難しい。逆に、里海の取材チームに入ったディレクターの多くが赤潮を見たことがない若い世代だったことも「功を奏した」のだろう。彼らは「変な予備知識」を持ち合わせないから「わざわざ目から鱗を落とす必要がなかった」。

何度も通い、見たこと聞いたことを素直に積み重ね、「やっと目から鱗を落とした先輩」の私に「以前の瀬戸内海を知る者からすれば信じられない、奇跡とも思える成果だ」と指摘されて、「それほどすごい現場を目の当たりにしているのか」と納得する。そんなやりとりを何度も何度も繰り返すことで取材は私たちの想像を超えて進み、深まっていった。

「里海」は、海外にも「SATOUMI」として発信されていた（そのことも、私たちは広島や岡山や山口で日々取材していながら、里海の取材をするまでまったく知らなかった）。

「人が海を敬いそこに住む生き物たちが暮らしやすいようお世話をしておこぼれをいただく」という「やおよろずの神の考え」をベースにした「SATOUMI」に、「一神教的な考え方」をベースに持つ西洋の研究者は、当初「拒絶反応」を示した。

しかし日本の研究者たちは、「里海の本家」である瀬戸内海で実際に起きたことを丹念に調査研究し、示すことで乗り越え、仲間に引き入れた。今や「ＳＡＴＯＵＭＩ」は、海洋汚染や水産資源枯渇に苦しむ世界の身近な海（専門家の用語では「閉鎖性海域」と呼ばれる）の解決策として、「世界共通語」になっている。

「みんな一緒に」考え、「全体として解決」する

里海、そして里山は、人が豊かになろうとする「経済行為」と自然環境を良くする「環境保護」が背を向けあってきた「20世紀型経済」、あるいは「20世紀的価値」に反旗を翻すものだ。「里海」が提示する、「生き物の一員である人」が自然をいたわり見守って手を加えれば、人をできるだけ遠ざけて「自然のまま」にするより「命のサイクル」が活性化し、生き物の種類や数も増える。その考え方やふるまい方の底に流れるものを感じ、見つめてほしいのだ。「経済」と「環境」が、いつのまにか手を携えている。仲良く共通の目標に向かっているのだ。

それは確かに、高度成長が始まる前の時代、つまり「里海の実践」が始まった今から見れば「前の前の時代」の知恵だ。しかしそれを今活かせば、経済と環境は「互いに手を取り合う関係」となり、その考えが、行き詰まるかに見える地球の未来を拓く「新たな文

明」のヒントとなるのではないか。そう考えていくと、里海は「前の時代」を支配していた「もうひとつの共通原理」にも異を唱え、別の道を示すものだということに気づく。

これまで何かを解き明かしたり解決しようとしたりする時、必ず私たちは「細分化」し「個別に解決」するよう仕向けられ、あるいは強いられてきた。それが合理的で、近道だといわれてきた。でも、本当にそれしかないのか。

そうではなく「みんな一緒に」考え、「全体として解決」してもいいはずだし、結構その方がうまくいくものではないか。「里海」は私たちにそう問いかけていると思うのだ。

なぜ私たちはいつまでたっても「人が豊かになろうとすると自然は犠牲になるしかない」とか、「自然を大切にしなければならないから人間は豊かさの追求を我慢しなくてはならない」とか、そんなことばかりいっているのか。共に手を携え、「持ちつ持たれつの関係」を大切にして両方目指せばいいではないか。「里海」は、そんな本来の意味での「人間らしい時代」、別の言葉を使えば「優しい時代」の幕開けを私たちに示そうとしている。

「分断の世紀」からの反転が訪れようとしているのだ。「里山資本主義」らしい例に立ち返っていい直せば、それはこういうことでもある。

家族が都会に出て寂しいお年寄りや、働きたいが預かってくれる知り合いがいないお母さんや、預かってもらう施設があかないので昼間はお母さんとふたりっきりという子どもがいる地域。これまでは、それぞれの「問題」をひとつひとつ「細分化」し、「個別」に対処しようとしてきた。「お年寄りがデイサービスを受けに集まれる施設」と「お母さんの相談に乗る施設」と「待機児童をなくす施設」を造って。でもそんなお金は今、手元にない。それどころか借金だらけだ。さあ、どうするか。思い切って「一カ所に集めて」みればいいのだ。昔がそうだったように。

お母さんが働きに出ている間、子どもを預かったおばあさんたちは他の家の子どもであることなど関係なく歌を歌ってやり、おむつの世話、食事の用意もする。おじいさんたちは、字の書き方を教えようと見本を見せたり、数を一緒になって数えたりして子どもたちを「算数の入り口」へ導く。子どもたちは大喜び。でも、大喜びなのは子どもだけではない。自分のような存在も役に立ったと、お年寄りも大喜びなのだ。さらには、働き終えて子どもを迎えに帰ってきたお母さんお父さんも、大喜び。

子どもを引き取ったあとが、また素晴らしい。おばあさん、おじいさんに時給を払うどころか、逆におばあさんから「たくさん炊いたから」とかいわれて、山菜のいっぱい入った炊き込みご飯をもらって帰っていく。みんなが「ありがとう、またあした」といって別れる。そんな未来をこれから目指してみてはどうか。それこそが「懐かしい未来」だ。「前の時代」は、アメリカの最初の試行錯誤から数えれば「100年以上続けてきたワンパターン」。それに反旗を翻すのが、里山・里海なのだ。

全国各地で開花する「里山・里海の時代」

2014年、広島から再び東京に戻った私は、「世界牛肉争奪戦」の取材で世界中を駆け回るディレクターや記者と毎日のようにやりとりをする一方で、日本各地の放送局で取材を進めるディレクターの支援役をすることになり、番組化を目指していた。

2004年の新潟県中越地震で大規模な地滑りなどが起き、「全村避難」した旧山古志村の10年後を見つめたディレクターがいた。数字だけを見れば人口が減り、高齢化も進んでいる。しかし実際に訪ねてみると、あちこちから大きな笑い声が聞こえてきた。

全村民が村の外に避難し、故郷が文字通り「壊滅的被害」を受けたのだから、帰らないという選択もあった。しかも被災の翌年、山古志村は隣の長岡市に吸収合併されることが決まっていた。村の名前さえも消えることが確定している状況だったのだ。しかし合併直前、村人たちは「故郷で暮らす」ことを高らかに宣言した。毎日をそこで過ごしたいからというシンプルな理由と固い信念。そこには、経済合理性や利便性といった「そこで生きていけない理由ばかり探そうとする人」が持ち出す言葉が、入り込む余地はない。

被災から10年の山古志には、里山の風景がよみがえっていた。崩れた棚田はひとつひとつ修復され、再び水をたたえ稲穂が風になびいていた。地割れした錦鯉の池も補修され、鮮やかな紅白の鯉が悠然と泳いでいた。人が手をかけるとそれに応え、すくすく育つ田んぼの稲は逆に、肉親を失った家族の心の傷を少しずつ癒していた。人と自然がいたわり合う里山がそこにあった。

様々な地域のディレクターが追うテーマの多くは、実は「逆境」こそが日本のこれまでの常識を打ち破り、新たな地平を切り開くというものだった。

代表例といえる番組をあげたい。それは奇しくも「牛肉」の話だ。「常識破りのやり方で牛を育てる畜産農家」に札幌局の若いディレクターが数カ月通い、その挑戦に迫った。

「自然のまま」を徹底的にする

北海道南東部の、携帯電話の電波も届かない山奥の牧場が舞台だった。牛肉の輸入自由化とエサとなる輸入穀物の高騰に追い詰められ、最盛期には８００頭いた牛が9頭にまで減った。もう止めるしかないのか。親が苦労して守ってきた１００ヘクタールもの牧場での牛飼いを、おめおめとあきらめたくない。

親のあとを継いだ牧場主の女性は、「畜産の常識の真逆」ともいえる挑戦に打って出た。穀物などのエサを与えず、24時間３６５日「自然のまま」、牛を野に放って育てるという道を選択した。前代未聞ともいえる「野生牛」の挑戦である。コストがかかる割に高値で売れない畜産業の現実。ならばコストを極限まで減らそうというのだ。出荷量は減るが、コストがかさんで負債が増えることは避けられる。そう考えた。

「自然のまま」は、徹底的にすることにした。

食べるものは、気温がマイナス20度に下がる極寒の時期に補助的に与える牧草以外、全部牛が自力で。自然に生える草や、雪の下から顔を出したフキノトウや、時には柵の外に茂るクマザサも、柵を乗り越えて。水も、牧場の中を流れる沢に牛が自分でおりて飲む。

牛は自由に一日を過ごす。座り込んだ牛は、いったん胃に入った草を口に戻して反芻している。日がな一日、もぐもぐもぐもぐ。若いオスの牛は体力が有り余っているから、仲間と頭をぶつけ合う。走り回り、あとを追う。まさに「かけっこ」だ。その軽やかさは、見るものの目をくぎ付けにする。「牛ってこんなに走るんだ」という素朴な驚きが口をついて出る。繁殖でも「交配」はしない。今やほとんどの畜産農家が頼る「人工授精」など、野に放ったままだから、土台無理だ。

子牛が生まれたあとも、引き離すことはなく、母牛の乳を飲ませて成長させる。

我々素人は、「子牛が生まれたら、免疫力をつける初乳だけをやり、そのあとすぐに引き離す」ものだということにむしろ驚くわけだが、現代の畜産ではそうして効率を上げることが常識、つまり「基本のキ」なのだ。しかしそれをあえてやらない。子牛は母牛の愛情を受けて育ち、やがて母は子どもの心配をするようになる。

ある時こんなことが起きた。草はらで産み落とした子牛が、死んでしまったのだ。牧場主の女性は胸をいためた。牛舎で産ませていれば、助けられたかもしれないのに、と。しかしそのあと、思いもよらないことが起きた。死んだ子牛を大型トラクターに乗せて運ぼうとすると、母牛が離れようとしないのだ。何度も悲しげな声をあげる。するとまわりの牛も鳴く。みんなが「泣き出した」のだ。

子どもの死体を運んだあと、改めて女性は牛の数を数えた。1頭足りない。あの母牛だった。探してみると、案の定「あの場所」にいた。子牛を産み落とした場所だ。どんなに女性が近づいても動こうとしない。

女性はその姿を見つめた。目をそらすことができない。母の悲しみが、ずしずし伝わってきた。そして「野生牛」にかける意味を改めて考えた。何を大切にし、守りぬくべきなのか。思いが、確信に変わった。女性はこう語った。

「外で生き抜くっていうのは、本当に過酷だろうなと。でもそこを乗り越えて初めて生きる力っていうか、そういうものが備わると思った。その力っていうのはお肉になっても宿っているっていうか、やっぱりそこを伝えたい」

前の年、この牧場から出荷できた牛はわずかに5頭。売り上げは250万円ほどだ。牧場の土地などにかかる税金や、重機のガソリン代などを引くとマイナスになる。今の家族の収入のほとんどは、他の牧場で働く夫の収入に頼っている。それでも女性は、ゆくゆくはこの「野生牛」で夫婦と3人の子ども（全員が男の子）が食べていけるようになりたいと考えている。活路はどこにあるか。それは牛の「生きる力」だというのだ。

「かちこちの肉」との出合い

ではそれは、どのようにして食べる消費者に伝えられるのか。「常識破りのかたい赤身の肉」だという。彼女のひとりよがりではない。最近の消費者の声に耳を澄ます滋賀の仕入れ業者が、その「可能性」を見い出した。出合いの衝撃を、こう語ってくれた。

「赤身って硬いじゃないですか。それが牛の食感を感じるということなのですが、それを上回る硬さがあったので、これは大変な肉だと思いました。だけど現地を見ると、牛たちがのびのび暮らしているし、食べているものも自生しているヨモギであったりササであったり。牛が走り回る光景とか始めてみましたし、動き回っている牛なので肉は硬くて当然、その硬さを良さとして誰かに伝えられないかな、と思いましたね」

輸入飼料を配合した飼料ではなく、草やクマザサを食べ、自由に牧場を駆け回って、締まった体となった野生牛の肉。それは、和牛の代名詞である「霜降り」の対極をいく。

牛丼に使われるのが脂身の多いショートプレートであることからもわかるが、日本人の多くは「牛の脂」が好きだ。対して野生牛の肉は脂身がほとんどなく、噛み切れないほど硬い。しかしそれは生きている「証」だ。常識的な畜産業における「牛の優等生」とは似ても似つかない、「生き物本来の牛」として育った「証」。だからこそ食べたいという消費者がいる。

「そういう消費者は増えている」

と、仕入れ業者は語った。彼がそうした仕入れに目覚めたのは、ＢＳＥだったという。消費者の安全志向の高まりを肌で感じ、その志向に応えられる牛肉を探し求める中で、この「かちかちの肉」に出合った。この肉に未来を感じた。

わざわざ消費者に硬い肉を食べてもらう

関心のある料理人や消費者たちが、牧場の視察旅行を行った。目の前を駆け回り、子どもが母親の乳を飲む「自然のまま」に目がくぎ付けになった。

実際にその牛をみんなで食べようという催しを、東京・三軒茶屋にほど近いフランス料理店のシェフが開いた。硬い肉の良さを引き出すため軽く熱を加えたローストビーフ状の肉が、生野菜をふんだんに添えた一皿となって客の前に出されると、歓声が上がった。客たちは驚くほど長い時間をかけて、肉を口の中で噛んでいた。「硬すぎて嫌だ」という客はひとりとしてなく、みんな大満足で試食会は終わった。仕入れ業者のもとには、食べたいという消費者の声が「倍々ゲーム」で寄せられる。なんとか1頭、早めに出荷できないかという話になった。

北海道の牧場主の女性は、思い切った行動に出た。出荷できる状態に一番近い牛を牛舎に呼び込み、一定期間だけ飼料をやって太らせることにしたのだ（この選択にはもちろん違和感を感じる人もいるだろう。しかしながら、牧場の経営状態を考えれば、この選択を非難することなどできないと思う）。

またも、驚くべきことが起きた。最初のうち穀物が入ったエサを喜んで食べていた牛が、エサを残すようになったのだ。エサを鼻で、ぶっと吹き飛ばした。

そうかと思うと柵の隙間から鼻を突き出し、まわりを自由に歩き回る牛たちの姿を目で追っている。いわば「三食昼寝付き」の、恵まれた生活に耐えられなくなったようだった。

「野生牛の証」を、私たちは再度みることになる。

牧場主はある日、決断する。牛をもう一度牛舎の外に出すことにしたのだ。牛舎に閉じ込め、好きなものも食べられず、好きに動くこともできない牛はストレスをためる。それは正直な形で肉にも出る。それでは、わざわざ消費者に硬い肉を食べてもらう意味がない。ただ硬いだけの「生きる力のみなぎらない」肉になってしまう。

柵を開けると、おずおずと牛が外に出る。脚で、そして鼻で土の感触を確認したあと、走り出した。全身を跳ねるように躍動させて。「小躍りする」とは、この姿をいうのだろう。これから何を優先し、何を大切にして牛を育てるべきか。牧場主は、仲間の牛のもとへ走っていく後姿を見送りながら、決意を新たにしていた。

里山資本主義の仲間とつながっていた

出荷の日、牧場主の女性は驚くほどうろたえた表情で牛を見送っていた。まるで我が子を送り出すように。その姿を見て、私たちは改めて確認する。牛はただ「自由」に「自然のまま」育っていたのではないということを。

気ままに草をはみ、時には牧場の柵を乗り越えてクマザサを食べても〝無事〟に柵の内側に帰っていたのは、人が見守り、誘導していたからだ。始終牛に話しかけ、健康状態などに気をかけていた「人」がいたからだ。人の牛に対する深い愛情。その先に、それに守られる形で、牛の親子の愛情が成立していたのだ。そこにはまさに、人が自然に手を加え、命のサイクルを活性化させる里山・里海の世界があったのだ。

その番組制作から数カ月後、私はさらに意外な事実を知ることになる。札幌の若いディレクターがまったく独立した形で取材していたその牧場主は、実はずいぶん前から、私の里山資本主義の古くからの仲間とつながっていたのだ。

それは島根県邑南《おおなん》町で「耕作放棄地」を生かすことで新たな価値を生み出す人たちだった。耕作放棄された広大な土地の使い方として特に突出していたのは、草ぼうぼうの土地をただ同然で借り受け、そこに牛を放して牛乳を生産するというものだった。

24時間３６５日、自由に草を食ませる。「草ぼうぼう」の土地はやがて、爽やかに風が吹き抜ける草原になる。そうしてできた牛乳は、穀物を飼料として食べさせるより濃厚だった。今までいわれてきた「穀物を絶妙に配合した栄養価の高い飼料」で可能になるという濃厚な牛乳より、明らかに濃かったのである。理由は簡単と、その牧場主は答えた。

「食べている食べ物の種類が違うんです。ここでは１００種類以上食べていると思うんですよ。配合飼料だとせいぜい数種類でしょう」

私たちは聞いた瞬間、納得した。

「懐かしい未来」を目指す「懐かしい牛飼い」

邑南町でこうした取り組みの仕掛け役を担う役場職員、寺本英仁さんは、他の地域の様々な人とつながる中で、北海道の野生牛の挑戦を知り、滋賀の仕入れ業者ともやりとりするようになって、最先端の情報を交換してきたのだと、語ってくれた。一緒にシンガポールなどに視察に行き、アジアの都会人の志向も調べてきたという。

寺本さんは、さらなる展開が足元で始まっていることを教えてくれた。

「うちのオヤジをはじめ、牛を飼い始める人が増えてきたんですよ」

昔は農家が普通にやっていた「牛飼い」を、じわじわと復活させようとしているのだ。始めてみると苦労より楽しさが先に立ち、牛に愛情を注ぐとお年寄り自身が元気になっていくと、寺本さんは語った。

「懐かしい未来」を目指す「懐かしい牛飼い」を、地域が取り戻し始めたのだ。

そういえば「里山資本主義のその後の取材」の中でも、牛の話はあちこちで聞いていた。中国地方の山あいの町では、戦後の経済成長期が始まる前、どこの農家も牛を飼っていた。米と麦を田んぼや畑で作り、副産物として出る藁やふすまなどを飼料として、牛を飼うのが当たり前だった。農家にとっては、そういうものも田んぼの畔の草も、その土地で育った命だ。どちらも牛のエサになり、区別する必要などなかった。

街道が交わる「交通の要衝」のような町では昔、定期的に「牛の市」がたった。その日になると、あちこちから牛をひいて人がやってくる。いつのまにかとんでもない数の牛が集まり、賑わった。人が集まること、市が開かれること自体が地元経済のインパクトになっていた。

輸入型飼料の畜産が大きな曲がり角を迎えた北海道で始まった「野生牛」の挑戦。耕作放棄地ばかりになった中国山地の町での「完全放牧酪農」。そして復活し始めた「農家の牛飼い」。

世界の牛肉争奪戦がいき着くところまでいき着いた今に、ふさわしいムーブメントだと思った。

第10章

気候変動、食料危機はどう回避できるのか

世界が認めた里山、佐渡へ

最近ひとりの研究者と出会い、ＳＡＴＯＹＡＭＡの世界的展開について教えてもらっている。東京大学教授で国連大学の上級副学長も務める武内和彦さん。難しいことを明快にわかりやすく、多彩な事例を交えながら深みのある考察で語ることができる第一人者だ。あるシンポジウムで一緒になった武内さんから、数週間後に行われる予定の、ＳＡＴＯＹＡＭＡをテーマにかかげるアジアの専門家の会議に来ないかと誘われた。場所は、新潟県の佐渡。

「里山のことをやっているのに、佐渡に行ったことないなんて、サギだよ」

と上手に挑発された私は、佐渡行きを即座に決めた。

佐渡は、イタリア・ローマに本部を置く国連のＦＡＯ（国連食糧農業機関）が認定する世界農業遺産のひとつで、石川・能登と共に、日本では一番早く認定された。

里山の絶妙な営みが世界に評価された例で、中心的な存在はトキ。いったん絶滅したが中国から数羽をもらいうけ、佐渡の田園で再び朱鷺《とき》色の雄大な姿を舞わせようという挑戦が始まった。

トキは田んぼにすむどじょうやカエル、水棲昆虫などを食べて育つ。だから田んぼの環境が重要になる。農薬をバンバン使っていると、トキの繁殖は望めない。逆にいえば、農薬をバンバン、化学肥料をバンバン使って田んぼに色んな生き物がすめなくなった結果、数を減らしていたトキは絶滅してしまったといえる。

会議のために日本各地、中国や韓国、フィリピンなどから集まった研究者と共に、「トキの米」を作る農家の取り組みを見せてもらった。年に2回、農家自身が田んぼに棲息する生き物の調査を行っている。それをしないと「トキの米」と呼ぶことを許されない。

田んぼの脇の池のような水辺で、どんな生き物がいるか一緒に見てみた。この頃は田舎でも珍しくなったタガメやゲンゴロウ、めだかやどじょうなどの小さな魚、おたまじゃくしなどが網に入る。この調査を行うこと自体が、農家の意識を高めるのだと説明された。

それはそうだろう。生き物の種類が増えたらうれしいし、田んぼの環境が良くなっていることを実感できる。減農薬などに取り組む意欲がますますわく。

しかもそうした田んぼで作るコメは、明らかにおいしくなったというのだ。「トキのため」は、自然環境の改善をもたらし、コメの味を良くして「人のため」になる。

「トキの米」は単なるイメージではなく、実質をともなう営みなのだ。「トキの米」をブランド米として売り、佐渡の経済を活性化しようとの取り組みが進んでいる。人が自然をいたわり、命のサイクルを活性化させて、その成果が人に返ってくる。まさに里山である。

会議には、能登の研究者も参加していた。棚田でのコメ作りを守り、そのノウハウをフィリピンのイフガオという棚田にも伝えている。フィリピンの一行も一緒だった。始終いき来しているという。佐渡、能登、そしてフィリピン・イフガオは、人々の知恵と思い、さらには友情を交換し合っている。

生き物調査のあと、みんなでバスに乗って田んぼの中を走っていると、遠くに「朱鷺色の雄大な羽」が見えた。確かにそれはトキだった。日差しを浴びて、輝いている。歓声が上がる。目がくぎづけになる。しばらくいくと、また別の1羽が姿を見せた。今や100羽を超えるトキが佐渡の田園を飛び回っているという。

地元の酒蔵があったので、入ってみた。「トキの米」で作った酒が、誇らしげなデザインの箱に入って並んでいた。限定品で佐渡でしか売っていないと説明された。コメは完全な有機無農薬で、近くの農家が手塩にかけて育てたコシヒカリ。山田錦など酒用の米でないコシヒカリの酒だ。飲んでみると、驚くほど清冽で味わいのある酒だった。トキからはじまった里山の営み。勢いの広がりを感じた。

能登にいきづく里山、里海

それから2カ月ほどして、日本の先頭をいくもう一つの世界農業遺産、能登を訪れる機会を得た。縁をつないでくれたのは今回も国連大学だった。

能登には里山も里海もある。しかも極めて近接している。田んぼで稲刈りが始まっていた。ハザと呼ばれる昔ながらの天日干しの棚に刈り取った稲がかけられると、「ハザのすぐ向こうに海」という風景が見られる。牡蠣をつるした筏やブイもすぐ向こうに見える。

漁師は農家でもあり、田んぼの世話もする。山の手入れもするし、その山できのこや山菜もとる。山の状態が良くなると、そこから海に流れる水の成分が整えられ、山からの栄養で育つ牡蠣の生育も良くなる。

能登ならではの伝統漁が復活していた。ボラをとる櫓《やぐら》「ボラ待ちの櫓」。岸からそう遠くない海中に櫓をたて、水中に網を張る。ボラが網の上を通過するタイミングを見計らって網をあげ、ボラを生け捕りにする。漁は春から夏、行われる。

ボラというと生臭いというイメージもあるが、極めて美味だという。おさしみも絶品。春の祭りは、ごちそうのボラを食べるのが楽しみで、男たちは精を出すのだと聞いた。そう話す漁師たちの「誇らしくて楽しくてしようがない」という表情に胸打たれた。日がな一日櫓の上でボラを待つ。ボラの習性を知り尽くした漁師が、海のおこぼれをいただく。まさに里海の営みだ。

なぜ今、SATOYAMA、SATOUMIなのか

佐渡や能登に続いて、日本では幾つも世界農業遺産の指定がなされた。

熊本・阿蘇の広大なカルデラの草はらで毎年繰り返される野焼きと赤牛の放牧。

大分・国東半島の宇佐地区で長年続く、クヌギ林でほだ木を作り、原木栽培のしいたけを生産するサイクル。

静岡・掛川とその周辺では、茶畑のまわりの「茶草場」をお茶の木の下草として活用するサイクルが評価された。

中国、韓国にも「中国版SATOYAMA」「韓国版SATOUMI」の営みが幾つもあり、世界農業遺産に登録されている。

話を進めていくとき、実は私たちの中に「ある感情」が持ち上がっている。

「そうはいっても、それくらいのことでは……」、と正直思わないでもない。なぜ今、SATOYAMA、SATOUMIにこんなにも一生懸命光をあて、讃えるのか。そんなに大きな意味があるのか。「日本が誇る」とどんなに声を大きくしても、力こぶを膨らませても、行われていること自体はあまりにささやか。もっとはっきりいえば「大したことない」。実際、現地の人も今、全員が「すごいのだ！」といっているわけではなく、むしろ

「みんなでその素晴らしさを自覚し、守っていこう！」と確認し合っている段階だといってよい。

しかしそのことこそが、今やるべきことだと武内さんは、真顔で語る。

「こういうことを大切にして、『持続可能な開発』を世界で推し進めなければならない。この頃ようやく『持続可能』という言葉が定着してきた。２０３０年に世界が持続可能な方法を共有し、実践し始めていないと地球はもたない、手遅れになると、みんないっている。だからＳＡＴＯＹＡＭＡは本当に、世界にとって大切なキーワードなのだ」

武内さんは、自身が英語表記のＳＡＴＯＹＡＭＡを最初に海外に発信し、その考え方が優れていることを、西洋をはじめ世界の専門家に認めさせた人だ（武内さんは「世界の人を納得させた訳書ＳＡＴＯＹＡＭＡを一緒に手がけたのは〝ロバートブラウン〟という先生なんですがね」といたずらっぽい顔で話すウィットの持ち主）。国連の議論にＳＡＴＯＹＡＭＡという言葉と概念を持ち込んだ中心人物でもある。長年の粘り強い努力は、

「今、世界を持続可能な営みに戻さなければ、地球がもたない」

という武内さんなりの危機感、危機回避への強い思いのなせる技で、細分化、専門化ばかりが極まる中で今、世界の英知を結集させようと動いている。

問題は、武内さんのそういう切羽詰まった感覚を、世界のほとんどの人が共有していないことだ。

海の最先端研究とSATOUMI

最近の取材でもうひとり知り合った、太田義孝さんという「熱い日本人」がいる。現在、カナダのブリティッシュコロンビア大学で気候変動の海での影響について調べながら、それが引き起こす魚などの減少、海から食料が確保できない深刻な事態にどう適応できるか、というテーマに取り組んでいる。

太田さんを紹介してくれたのは、岡山県備前市日生町を中心に活動する「里海づくり研究会議」の皆さんだ。昔から日本の漁師が海にしてきたことを現代風に引き継ぎ、広げて行く日生町の方々の地道な努力を、太田さんは心から尊敬している。そこをヒントに、太田さんは昔から連綿と続いてきた人間の知恵に光をあてる活動を世界に広げている。世界各地の先住民の漁の現状、そうした人たちの海に関する知恵や、引き継がれている共生の理念について研究調査し、ひとつのマップにまとめ、さらにそこから気候変動のインパクトに適応する管理手法や政策を抽出しようとしている。

壮大な作業だ。そもそも「先住民の漁や知恵」は近代的な漁業に駆逐されていっている。多くの先住民が昔からのやり方を捨て、「近代化」を余儀なくされているのだ。先住民自身にとっても、受け継いできたことに価値を見出し、守っていこうという意志を固く保つのは至難の業だ。しかしそんな中でも、その知恵こそが人類の未来に必要だという太田さんの熱い語りに応えてくれる先住民がいると、太田さんは語った。

今、太田さんは、ある日はハワイ、ある時は温暖化による水没の危機に瀕する太平洋の島国キリバス、またある時はカナダ東海岸の先住民のもとへと動き回っている。

その一方で太田さんは、共同研究の同志であるウィリアム・チャン博士らと共に、ある時はアメリカ・プリンストン大学で気候変動の最先端を研究する人々と議論し、ある時はＵＮＥＰ世界自然保護監視センター（UNEP-WCMC）と、研究成果を交換している。

太田さんもまた、人類が気候変動による危機に立ち向かうためにＳＡＴＯＵＭＩの思想や実践が重要な役割を果たすと語る。

「海水温が上がり、海水の酸性化が進む世界中の海で、海の様子に目を凝らし、丁寧に手を入れて養生させるＳＡＴＯＵＭＩの営みを今すぐ始めなければならない。そのひとつひとつの取り組み、それが海と寄り添う地域が気候変動のインパクトにどう適応すべきか考え、行動する大きな力となる」

と太田さんは熱く語ってくれた。

SATOUMIは一見すると「蟷螂《とうろう》の斧」だが、実はそうではない。ひとつひとつは小さくても、それを世界中で「無限回」行い、集めれば効果は出てくるのだ。むしろ、ひとつひとつの営みが目の前の「個別の海の環境」に合わせてきめ細やかに行われるから、効果が高い。

この無限回の「無限」は、ひとつひとつ実体を持つ営みを本当に積み上げるものだ。いわば無限だといっているだけで、数える気になれば数えられる。それが、これまで世界を覆ってきた「無限」とは根本的に違う。逆にいえば、結局「打ち出の小槌」のような解決策など期待していてもしようがない。太田さんの言葉を聞いて、そう合点する。

「有限な地球」で人類が破滅しないために、私たちは今何に目覚め、何を始めるべきか。

100年以上のぼってきた「らせん階段」を降りるべきではないかと思うのだ。「らせん階段」は「成長神話」といい換えることができる。一周しても、同じところにはいない。少し上にあがっている。何周しても少し上、少し上に。いつまでたってものぼり続ける。

その考え方は宇宙の始まり「ビッグバン」を知った頃に始まった、人間の脳にインプットされたという説がある、と教えてもらったことがある。この世の中の基本をなす宇宙が「無限に大きくなり続けている」のだから、人間の経済活動だって無限の大きさを追い求めていいはずだ、あくなき欲望を無限に追求することが経済を成長させるのだ、という考え方である。しかしその先に何が待っているか。「有限な地球」が悲鳴をあげている。

それはそうだ、と思うのだ。たとえ宇宙が膨張し続けているとしても、地球の動きは「一定の繰り返し」だ。自転をして1周すれば、もとの位置に戻る。太陽のまわりを回る公転も、1年かけて1周すればもとの位置に戻る。らせん階段ではない。地球の法則は宇宙と違う。それを「持続可能」というのだ。目の前の田んぼでとれたコメを1年かけて食べる。食べ終わった頃にまた、次の年の田んぼの収穫がくる。そういう「持続可能」は貧しくない。なのに多くの人は、どんなに豊かになっても「成長なくして繁栄なし」と信じている。

「新たなマネーの仕組み」を構築する動き

今、マネーの最先端をいく金融工学者、クオンツの取材も継続的に行っている。彼ら自身が、複雑な数学理論を駆使して作りあげた「らせん構造」はだめなのではないか、との自戒を始めている。第一人者のひとりはこう語る。

「リーマンショックの直後は、悪いことをする人がいるから起きたのだと思っていた。しかし、そういう人の罪を明らかにする裁判に延々とつき合ううち、これは個人の問題ではなく、仕組みそのものの問題だと確信するに至った。この仕組みを変えなければならない、そう思うようになった」

アメリカで最先端を走り続けるクオンツは、ギリシャ危機の泥沼など、いわば「マネーのシステム障害」が頻発する事態を根本的に打開していくため、「いつまでたっても必要な現場に降りてこないマネー」から「小さな動けるマネー」を切り離し、今目の前にある問題を解決する「新たなマネーの仕組み」を構築しようと精力的に動いている。それは一体どんなものなのかと取材を続けている。

「らせん階段」を降りよ

私たちは、どう変わるべきか。バブルがはじけたら、より大きなマネーを作り出すことで克服する、ということではあるまい。「らせん階段」を降り、「同じところをまわる」営みを、今こそ始めなければならない。

SATOUMIの世界的展開を進める太田義孝さんのプロジェクト（日本財団とブリティッシュコロンビア大学が共同運営する国際海洋プログラムで、2050年の海〈魚資源〉の未来予測と人材の育成、政策決定者や一般市民への理解促進をゴールとする）には名前がついている。

「ネレウスプログラム」。ネレウスとはギリシャ神話に登場する「海の神」だ。その後西洋では、一神教的世界観を多くの人が持つようになり、自然は征服し、人間のために利用するものであることが当然のこととされてきた。その姿勢が科学を発展させた。しかし今、その科学の粋を極めようとするプログラムに、西洋の文明の源流をなす時代に人々があがめ、あるいは畏れた海の神の名前が掲げられている。一説によるとネレウスとは親しみやすい老人の姿だという。ＳＡＴＯＵＭＩの思想と呼応する気がする。

人間はそろそろ謙虚に、忘れてしまった記憶を取り戻し、地球を形成するありとあらゆるものに敬意を払い、持続可能な生き方を自分のものとして、未来を切り拓くべきだ。

巨大化だけを希求し、空中をぐるぐるまわるだけの自己増殖型のマネーから「小さなマネー」を切り離し、人の手に取戻したら、何に使うか。

ＳＡＴＯＹＡＭＡ、ＳＡＴＯＵＭＩのような、人が目の前の小さな自然のお世話をするという動きの他にもうひとつ、注目されている「再生」がある。格差社会で転落した「貧困層」にマネーをつぎ込み、再生させて、経済的な利益を生み出すのだという。

家のない人に家を。仕事のない人に仕事を。病気になってまた転落してしまわないよう、医療の受けられる環境を。貧しさのため学校にいけず、社会の底辺でもがくしかない子どもには学校を。女性にも仕事を。そうすることで「経済活動のかやの外」に置かれていた人々、あるいはそういう人ばかりが住む地域を「持続可能な経済を営むエリア」に引き戻す。それが、これからの世界経済の「フロンティア」になっていくと期待され出したのだという。慈善（チャリティー）事業の対象でなく、利回りを生み出す投資の対象として。

マネー資本主義の牽引者の「重要な発言」

牛肉争奪戦によって、穀物生産拡大のための農地拡大によって、熱狂する相場を食い荒らすマネーの奔流によって拡大する「貧困」が、次の時代の経済のターゲットになるとは思いもよらなかった。

それは世界経済という人間の営みも結局「持続可能」でなければならない、ということなのではないか。そうした「ソーシャル・インパクト（社会的影響力）」を目指した投資、「インパクト・インベストメント」の連携を主導する人物が、ある「重要な発言」について教えてくれた。

アメリカの中央銀行にあたるＦＲＢを率いるジャネット・イエレン議長が２０１４年10月の講演で、「格差」について異例の言及をしていたというのだ。長年にわたる格差の拡大と進行は、アメリカの価値観を揺るがすものではないかとＦＲＢのトップが指摘した。ＦＲＢ独自の調査をわざわざ行った上での発言だった。

この手の発言が多い民主党の議員でも左翼系の論客でもなく、アメリカの景気の番人、異次元金融緩和を終え、「次の一手、利上げをいつするかと注目される」マネー資本主義の牽引者が、わざわざ言及するまでになっているのだ。

私たちは、進むべき道の大胆な変更を突きつけられている。

「牛丼が食べられなくなる日」がくるのを、唯々諾々と受け入れてはならない。

おわりに

私は今、東京・世田谷区の住宅街に住んでいる。

自宅マンションから2キロメートル四方に、5つのスーパーマーケットがある。それ以外に24時間営業の小規模なスーパーマーケットや、コンビニエンスストアが合わせて6軒もある。ものすごい過当競争だ。

しかしそれは、最近急激に高齢化する都心の住宅街が「必要とする状況」だともいえる。


平日の昼間にこれらのスーパーの一軒にいってみた。お客さんのほとんどが、ぎりぎり歩けるかの状態か、歩くことができずに車いすに乗ってきたお年寄りだった。

このようなお年寄りにとっては店に出かけていくのも大変なことだから、ましてや近くにスーパーマーケットがないと買い物を楽しめないというのは容易に想像がつく。

店内の通路の幅が、通常よりも広いのにも理由がある。車いすのお年寄りが安心して買い物を楽しむためには、それくらいのゆったりとした幅が必要なのだ。

この店において、「肉」や「パン」は、できるだけ安くなくてはならない。お年寄りたちが一度に食べる量は少しでも、現金収入は主に「年金だけ」だろうと思われるからだ。

肉やパンの原料となる穀物は、おそらく我らが「ウルトラ警備隊」、使命感あふれる商社マンたちが輸入したものだ。

その一方で、住宅街の一角には、土日の朝に必ず長い行列ができる店がある。30代と思われる若い夫婦が営んでいるパン屋さんだ。夜中に起きてきてパンを焼き、毎朝、店頭に出しているのだろう。「素材」にとことんこだわっていると思われる。小麦はもちろん、ソーセージパンに入っているソーセージ、あんぱんのあん。さらにはミョウガが入ったパン、きのこがたっぷり入ったフォッカッチャなど、「ピカピカの国産素材」を売りにしている。店の前に列を作るのは、ほとんどが女性か男女のカップルで、1個100円以上するにもかかわらず、みんな幾つもパンを買っていく。

この時ばかりは、ケチケチするのはよそう。安心・安全の国内産で厳選された素材でできているのだから。こうした買い物ができる環境こそ望ましい。そこに豊かさや幸せを感じるのだ。

日本人はこの「両方」を必要としているのではないだろうか。この両方を守りながら、バランスを取って日本の食文化を「あるべき姿」に整えていく。どんなバランスが「あるべき姿」であるのかなのかは、ひとそれぞれ違うのだろうけれども。

食文化の変化は〝なだらか〟でなければならない。これを「食の安全保障」という。私は日常に起きるちょっとした色々な変化に、敏感でいたいと毎日散歩しながら思っている。

親が帰宅する前なので空いているのであろう自宅の駐車場で、〝きょうだい〟が野球をしていた。するどい球を投げているのは「姉」で、「弟」は姉の投げた球を空振りしていた。「姉の投球スタイル」は実に本格的なものだった。彼女の肩の回し方は、「男子」だった。そんな「男女の垣根がない時代」がいつのまにか来ているのを感じた。

また、ある夕刻に、とっくにパンが売り切れた先ほどの「行列のできるパン屋さん」の前を通った。60代から70代と思われる女性がおしゃれをして、パンが並んでいたカウンターに座っていた。サイフォンで入れたコーヒーを飲みながら、パン屋の若い奥さんと楽しそうに語り合っていた。パン屋さんはカフェも兼ねていて、閉店時間の直前に楽しい時間、ゆったりとした空間が作り出されていた。

「なぜこの半年くらいで新聞の朝刊が届く時間が遅くなったり、早くなったりするのかな」と疑問に思いながら、夜が明ける直前の時間に歩いていたら、その答えのひとつと思われる光景に出くわした。

「プー、パー、チュー」と聞こえるカンボジア人かラオス人と見られる青年が、（私は9カ月間、ポルポト政権の内幕を暴くカンボジアの取材をしたことがある）後輩と思われる若者が押す自転車の横について、どの家に新聞を配達するのかを一軒一軒一緒に確認していた。

これは、私たちの懐かしい記憶の中にある「苦学生の新聞配達の少年」ではない。でも案外「懐かしい未来」なのかもしれないな、と思った。

「なんてことない変化の連続」を感じ取りながら、小さな「思い込み」を捨て、取材者としての自分の「立ち位置」を、絶えず修正していかなければならないと思っている。

この取材記は主に、２０１５年３月14日に放送したＮＨＫスペシャル「世界〝牛肉〟争奪戦」の、汗と涙の徹底取材をもとにしている。経済部の池川陽介記者、大久保智キャップ、露口泰昌デスク、山口健一郎、服部泰年の両ディレクター、リサーチャー・コーディネーターをつとめていただいた西前拓さん、張景生さん、鐙野リーナさん。そして、佐藤網人、前田浩志、松岡大介チーフ・プロデューサー。みなさんのがんばり、友情あふれる取材・制作を、改めて讃えたい。新潟局の橋本みつ子ディレクター、札幌局の加藤彩ディレクターの取材成果も、一部書かせていただいた。最後に、くじけそうになる私を温かく励まし、建設的な意見を交わしながら共にゴールテープを切っていただいたプレジデント社の渡邉崇さんに、心からのお礼を申し上げたい。

井上恭介
いのうえ・きょうすけ

NHKエンタープライズ
エグゼクティブ・
プロデューサー

1964年生まれ。京都出身。87年東京大学法学部卒業後、NHK入局。報道局・大型企画開発センター・広島局などを経て、現職。ディレクター、プロデューサーとして、一貫して報道番組の制作に従事。主な制作番組にNHKスペシャル「オ願ヒ オ知ラセ下サイ〜ヒロシマ・あの日の伝言〜」(集英社新書から『ヒロシマ 壁に残された伝言』として書籍化)「マネー資本主義」(新潮文庫から同名書籍化)「里海SATOUMI瀬戸内海」(角川新書から『里海資本論』として書籍化)などがある。広島局で中国地方向けに放映した番組をまとめた角川新書の『里山資本主義』は40万部を超えるベストセラーに。

牛肉資本主義 〜牛丼が食べられなくなる日〜

2015年12月19日　第一刷発行

著者	井上恭介
発行者	長坂嘉昭
発行所	株式会社プレジデント社 〒102-8641 東京都千代田区平河町2-16-1　平河町森タワー13階 http://president.jp http://str.president.co.jp/str/ 電話　編集(03) 3237-3732　販売(03) 3237-3731
監修	小池正一郎
装丁	華本達哉(aozora)
販売	高橋 徹　川井田美景　森田巌　遠藤真知子
編集	渡邉 崇
製作	関 結香
印刷・製本	凸版印刷株式会社

ISBN 978-4-8334-2163-8　Printed in Japan